W0040627

Gerd Kerkhoff, Christian Michalak, Dirk Schäfer,
Gundula Jäger, Christian Heidbreder, Oliver Kreienbrink,
Stephan Penning und Matthias Rüter

Einkaufsagenda 2020

**Gerd Kerkhoff, Christian Michalak, Dirk Schäfer,
Gundula Jäger, Christian Heidbreder,
Oliver Kreienbrink, Stephan Penning
und Matthias Rüter**

Einkaufsagenda 2020

*Beschaffung in der Zukunft –
Wettbewerbsvorteile durch
einen visionären Einkauf
sichern und ausbauen*

WILEY-VCH Verlag GmbH & Co. KGaA

1. Auflage 2010

Alle Bücher von Wiley-VCH werden sorg-
fältig erarbeitet. Dennoch übernehmen
Autoren, Herausgeber und Verlag in kei-
nem Fall, einschließlich des vorliegenden
Werkes, für die Richtigkeit von Angaben,
Hinweisen und Ratschlägen sowie für
eventuelle Druckfehler irgendeine Haftung.

**Bibliografische Information
der Deutschen Nationalbibliothek**
Die Deutsche Nationalbibliothek verzeichnet diese Publikation in der Deutschen
Nationalbibliografie; detaillierte bibliografische Daten sind im Internet über
http://dnb.d-nb.de abrufbar.

© 2010 WILEY-VCH Verlag GmbH & Co.
KGaA, Weinheim

Alle Rechte, insbesondere die der Überset-
zung in andere Sprachen, vorbehalten.
Kein Teil dieses Buches darf ohne schrift-
liche Genehmigung des Verlages in irgend-
einer Form – durch Fotokopie, Mikroverfil-
mung oder irgendein anderes Verfahren –
reproduziert oder in eine von Maschinen,
insbesondere von Datenverarbeitungs-
maschinen, verwendbare Sprache übertragen oder übersetzt werden. Die Wiedergabe
von Warenbezeichnungen, Handelsnamen
oder sonstigen Kennzeichen in diesem
Buch berechtigt nicht zu der Annahme,
dass diese von jedermann frei benutzt werden dürfen. Vielmehr kann es sich auch
dann um eingetragene Warenzeichen oder
sonstige gesetzlich geschützte Kennzeichen
handeln, wenn sie nicht eigens als solche
markiert sind.

Printed in the Federal Republic of Germany

Gedruckt auf säurefreiem Papier.

Satz   Kühn & Weyh GmbH, Freiburg
Druck und Bindung   CPI – Ebner &
Spiegel GmbH, Ulm
Grafiken + Umschlaggestaltung   Mark
Sons, Kerkhoff Consulting

Titelfoto   Frank Beer, Düsseldorf

ISBN: 978-3-527-50501-2

Inhalt

Einkaufsagenda 2020. Gerd Kerkhoff
Copyright © 2010 WILEY-VCH Verlag GmbH & Co. KGaA, Weinheim
ISBN: 978-3-527-50501-2

Geleitwort: Weltweiter Wettlauf um Ressourcen – Chancen und Risiken für den Einkauf

Mit einem Anteil von 50 bis 70 Prozent am Umsatz stellen Materialkosten in vielen Unternehmen unterschiedlichster Branchen unbestritten den größten beeinflussbaren Kostenblock dar. Regelmäßig sind sie daher Aufhänger für Kostensenkungsprojekte. Kurzfristige Kostensenkungen vernachlässigen jedoch bestehende leistungs- und finanzwirtschaftliche Risiken genauso wie mögliche Chancen. Vielmehr sollten sich Entscheidungsträger stärker als bisher auf zukünftige Entwicklungen und Trends in der Beschaffung einstellen.

Mit dem Begriff »Beschaffung« verbindet man oftmals die Aufgabe, die Verfügbarkeit von Material und Dienstleistungen zu geringen Kosten sicherzustellen. Dies korrespondiert mit folgendem Bild des Einkaufs als der organisatorischen Verankerung der Beschaffung im Unternehmen: Im Zentrum steht der Ausschreibungsprozess, in dem idealerweise der gebündelte Bedarf eines Unternehmens dem Angebot einer Vielzahl konkurrierender Lieferanten gegenübergestellt wird. Am Ende erhält das kostengünstigste Angebot den Zuschlag – unter der Voraussetzung, dass die sonstigen Anforderungen beispielsweise an Qualität und Lieferzeiten ebenfalls erfüllt werden.

Der Beschaffungsprozess und damit auch der Funktionsbereich des Einkaufs unterliegen jedoch erheblichen Veränderungen. Lieferanten sind schon lange keine austauschbaren Objekte mehr, sondern zunehmend »Kooperationspartner«. Bei einem hohen Integrationsgrad mit dem Abnehmer wird ein Lieferantenwechsel immer schwieriger. Hieraus resultiert eine Neuausrichtung der Beschaffung, der Unternehmen aktiv begegnen müssen, um weiterhin im Wettbewerb bestehen zu können.

Die ursprüngliche Zielsetzung »geringe Kosten durch Wettbewerbsaktivierung« ist demzufolge allenfalls als Mindestanforderung

Einkaufsagenda 2020. Gerd Kerkhoff
Copyright © 2010 WILEY-VCH Verlag GmbH & Co. KGaA, Weinheim
ISBN: 978-3-527-50501-2

zu betrachten. Internationalisierung der Märkte, zunehmender Wettbewerbs- und Kostendruck, steigende Qualitäts- und Serviceanforderungen, Individualisierung und Dynamisierung der Nachfrage sind nur wenige aktuelle Schlagworte, die den Alltag und das Handlungsfeld der Beschaffung und des Einkaufs wesentlich beeinflussen. Zukünftig gefordert sind der Erhalt und die Verbesserung von Qualität im weitesten Sinne, die Sicherung des Zugangs zu Innovationen, eine gemeinsame Markterschließung mit Lieferanten, eine hohe Zuverlässigkeit bei Produktanläufen oder die Entwicklung neuer Konzepte bei der Modularisierung von Fertigungskomponenten. Der Einkäufer muss unter wachsender Unsicherheit und steigendem Kostendruck aus komplexen Wertschöpfungsstrukturen heraus zunehmend wechselhafte Kundenanforderungen auf der Lieferantenseite abbilden können. Dies erfordert nicht nur ein vertieftes Verständnis und eine höhere Verantwortungsübernahme für die Gestaltung aller für den Material- und Informationsfluss relevanten Unternehmensprozesse, sondern auch eine möglichst exakte Vorstellung über die zukünftigen Entwicklungen und Herausforderungen.

Doch gerade der Blick in die Zukunft wird zunehmend schwieriger. Denn die Globalisierung des Wirtschaftslebens, verschiedenartige Beeinträchtigungen der natürlichen Umwelt, sich verschärfende soziale Spannungen, neue internationale Konfliktkonstellationen und rasante technologische Innovationsschübe erzeugen auf jeder Ebene einen enormen Reformdruck und damit einen hohen Bedarf an Orientierungswissen. Diesem Bedarf an profunden zukunftsorientierten Analysen der Einkaufsverantwortung und -aufgaben steht eine immer noch vergleichsweise geringe Anzahl einschlägiger, seriöser Zukunftsstudien gegenüber. So wurden bisher weder übergreifende Bestandsaufnahmen noch aussagekräftige Studien zu methodischen und praktischen Grundsatzfragen des Einkaufs und der Beschaffung in der Zukunft durchgeführt.

An diesem Punkt setzt das visionäre Werk *Einkaufsagenda 2020* von Gerd Kerkhoff an und setzt einen erfrischenden »Kontrapunkt«. In diesem Buch gehen die Autoren systematisch auf die zentralen Herausforderungen in Einkauf und Beschaffung ein, indem u. a. die folgenden Themenkomplexe beleuchtet werden:

- *Gesellschaft und Werte*: Wie wirken sich die Veränderungen in unserer Gesellschaft, so z. B. der demografische Wandel, auf die Beschaffung von Unternehmen zukünftig aus?
- *Märkte und Politik*: Welche Wege sind im Einkauf aufgrund der geopolitischen Entwicklungen – wie ein neu aufkommender Protektionismus als Gegenbewegung zur Globalisierung und im »Kampf um Rohstoffe« – zu berücksichtigen, um die Versorgung mit wichtigen Ressourcen zu sichern?
- *Umwelt und Nachhaltigkeit*: Was ist zu tun, um adäquat auf den Klimawandel zu reagieren? Wie können dabei die Rohstoff- und Energieeffizienz gesteigert sowie eine nachhaltige Kreislauf- und Wasserwirtschaft umgesetzt werden?
- *Technologie und Werkstoffe*: Von welchen technologischen Trends ist in Einkauf und Beschaffung auszugehen und wie werden sich diese Innovationen (z. B. Miniaturisierung, Customizing oder neue Werkstoffe) auf die entsprechenden Prozesse und entstehenden Produkte auswirken?
- *Mitarbeiter und Qualifikation*: Wie lässt sich ein Mitarbeiterstamm in Einkauf und Beschaffung langfristig auf- und ausbauen, um damit den zukünftigen Herausforderungen besser zu begegnen? Welche Qualifizierungs-, Motivations- sowie Führungsinstrumente werden dafür benötigt?
- *Methoden und Prognose-Techniken*: Mit Hilfe welcher Methoden und Techniken kann ein Beschaffungsverantwortlicher die zukünftigen Herausforderungen identifizieren, um über einen visionären Einkauf Wettbewerbsvorteile zu sichern und auszubauen?
- *Einkaufsagenda 2020 und Branchenentwicklungen*: Wie gestalten sich zukünftige Beschaffungs- und Einkaufsszenarien in bestimmten Sektoren der Wirtschaft, wie beispielsweise der Möbelindustrie, dem Maschinen- und Anlagenbau oder der Versicherungswirtschaft?

Die zukunftsweisenden Überlegungen von Gerd Kerkhoff basieren dabei auf der Konzeption der Beschaffung als einer integrierenden Querschnittsfunktion, die, den Supply-Chain-Management-Überlegungen folgend, nicht an den Grenzen der Unternehmen haltmacht. Denn wie keine andere Unternehmensfunktion agiert die Beschaffung sowohl interorganisational (mit Lieferanten) als auch intraorganisational (mit anderen Bereichen innerhalb des eigenen Unternehmens). Nachhaltiger Erfolg in der Zukunft, so die richtige These von Gerd Kerkhoff, ist nur dann möglich, wenn sich die Beschaffung als Dirigent von »Netzwerken« begreift und entsprechend handelt. Das integrierte und unternehmensübergreifende Management einer visionären Beschaffung, das häufig über den eigenen Kernbereich hinausgeht, wird damit zum Schlüsselfaktor des unternehmerischen Erfolgs.

Das vorliegende Werk bietet griffige Einblicke sowohl für Praktiker als auch für Wissenschaftler und Lehrende, die sich mit den Zukunftsthemen des Einkaufs und der Beschaffung auseinandersetzen. Das Buch ist ein idealer Fundort für relevante Zukunftsthemen und gibt in kompakter sowie prägnanter Form zahlreiche Hinweise in Form von Überblicksdarstellungen und Vorgehensmodellen. Zudem vermittelt das Buch von Gerd Kerkhoff methodische Kniffe und Tools eingebettet in ein profundes Hintergrundwissen, um von einer »Beschaffung in der Zukunft« zur »Zukunft in der Beschaffung« zu gelangen. Das vorliegende Fachbuch präsentiert in dieser Form erstmals einen praxisnahen Überblick, welches die zukünftigen Herausforderungen und Entwicklungstrends in Einkauf und Beschaffung sind. Dies ist auch aus akademischer Sicht sehr begrüßenswert, denn den wissenschaftlichen Bemühungen in diesem Themenfeld fehlt häufig der praktische Nährboden. Wissenschaftlern wie Praktikern sei damit nicht nur die intensive Lektüre, sondern auch der Start eines kontinuierlichen Dialogs mit dem Autor und seinem Team empfohlen. Denn nur auf einer solchen Interaktion basierend, können einschlägige Antworten auf die anstehenden Zukunftsfragen gefunden und bestehende bzw. sich abzeichnende Grenzen und Barrieren verschoben oder – besser – überwunden werden.

Ich wünsche den Leserinnen und Lesern bei dieser spannenden sowie höchst informativen Lektüre viel Inspiration und Erkenntnisfortschritt sowie dem Werk von Gerd Kerkhoff und seiner Partner bei Kerkhoff Consulting eine weite Verbreitung.

St. Gallen, im September 2009   Prof. Dr. Wolfgang Stölzle
                                    Lehrstuhl für Logistikmanagement
                                    Universität St. Gallen

Vorwort: Visionen für den Einkauf des Jahres 2020 finden

Die Banken-, Finanz- und Wirtschaftskrise ab 2007 hat die meisten Unternehmen unerwartet und hart getroffen. Innerhalb weniger Monate entstand eine fundamentale Vertrauenskrise, die die globalen Finanzsysteme infrage stellte und die Realwirtschaften dramatisch destabilisierte. Ende 2009 zeigen sich nun erste Anzeichen für eine konjunkturelle Erholung. Bruttoinlandsprodukte sinken nicht mehr, die Industrieproduktion gewinnt an Fahrt. Die schwerste Wirtschaftskrise seit dem Zweiten Weltkrieg ist noch lange nicht ausgestanden, doch aufarbeiten müssen wir schon jetzt.

Die Zeit des Rückblicks und der Lehren ist gekommen. Wir müssen uns unter anderem der komplexen Frage stellen: Wie vorhersehbar war die Krise? Es gab Anzeichen, die das Subprime-Desaster ankündigten – dazu gehört die zu rasche und zu starke Ausweitung der Kreditvergabe an Schuldner mit mäßiger Bonität in den USA. Tatsache ist aber auch, dass zum Wesen der meisten Krisen dazugehört, dass sie unverhofft und eruptiv auftreten. Für Unternehmen kann die Konsequenz aus beiden Aussagen nur lauten: Um künftige Schwierigkeiten besser antizipieren zu können, wird das Risikomanagement verstärkt – also die systematische Erfassung und Bewertung sowie die Steuerung von Reaktionen auf festgestellte Risiken. Doch während der Steuerung und Kontrolle von Risiken bekannte, handhabbare Prozesse unterliegen, ist die Identifikation möglicher Gefahren mit vielen Unbekannten versehen. Denn der Blick in die Zukunft beinhaltet als grundsätzliche Arbeitsthese: »Unsicherheiten« zu erfassen.

Weil der stetige Blick voraus jedoch integraler Bestandteil einer verantwortlichen Unternehmensstrategie ist, haben wir bei Kerkhoff Consulting für den Einkauf relevante »Trends bis 2020« aufgegriffen und Konsequenzen für die »Beschaffung« in Unternehmen abgeleitet. Als spezialisierte Unternehmensberatung für Beschaffungsopti-

Einkaufsagenda 2020. Gerd Kerkhoff
Copyright © 2010 WILEY-VCH Verlag GmbH & Co. KGaA, Weinheim
ISBN: 978-3-527-50501-2

mierung sind wir keine Trendforscher im klassischen, wissenschaftlichen Sinne. Doch wir sehen es als unsere Aufgabe an, gemeinsam mit Managern und Einkaufsexperten Entwicklungen zu antizipieren, vorausschauend zu agieren und damit die Basis für heutigen und künftigen Erfolg zu schaffen. Natürlich lässt sich Zukunft nicht sicher prognostizieren. Und jede Entscheidung ist letztlich mit einer gewissen Unsicherheit, also einem Risiko belastet. Wir haben das Thema »Zukunftstrends für den Einkauf« dennoch aufgegriffen, weil wir Impulse setzen und sensibilisieren wollen.

Warum? Einkaufsentscheidungen dürfen nicht nur auf kurzfristige Kostensenkungen beschränkt sein. Stattdessen sollte eine Planung über viele Jahre zu dauerhaften Vorteilen führen, denn die Anforderungen an den Einkauf haben sich stetig erhöht und werden sich in den nächsten Jahren weiter verändern. Dabei bilden geopolitische, ökologische, technische sowie gesellschaftliche Entwicklungen den Rahmen für eine Neudefinition der Aufgaben von Einkaufsabteilungen. Das vorliegende Buch *Einkaufsagenda 2020* begründet auf der Basis eines pragmatischen Ansatzes, warum vorausschauendes Handeln bei der Beschaffung Wettbewerbsvorteile bringt, was die Zukunftstrends für den Einkauf sind, und es zeigt einen methodischen Prozess auf, wie Beschaffungsprognosen geformt werden können. Anhand vieler praktischer Beispiele spielen die acht Autoren des Buches zudem mögliche Entwicklungen für verschiedene Branchen durch und formulieren Visionen – und zwar vier Megatrends, mit denen Manager und Einkaufsabteilungen rechnen müssen. So kommen wir zum Ergebnis: Der Einkauf erhält als Steuerungsfunktion in Unternehmen zunehmend Gewicht.

Die Publikation *Einkaufsagenda 2020* setzt 2009 unsere erfolgreiche Buchreihe mit Top-Themen rund um Beschaffung fort: 2003 haben wir das Buch *Milliardengrab Einkauf* veröffentlicht und belegt, welchen immensen Einfluss Einkauf als Erfolgsfaktor besitzt. Die in den Jahren darauf publizierten Bücher *Zukunftschance Global Sourcing* und *Erfolgsgarant Einkaufsorganisation* haben die zentralen Faktoren eines strategischen Einkaufs näher betrachtet und Unternehmen vielfältige praktische Tipps geliefert. Mit *Einkaufsagenda 2020* initiieren wir nun erneut einen Diskurs, der frühzeitig ein entscheidendes Thema für die Wirtschaft anpackt: die systemanalytische Erforschung von Beschaffungstrends und die Ableitung von

Reaktionen. Verfügen Unternehmen über Informationen zu Trends in Beschaffungsmärkten, zu Herausforderungen für Lieferanten, zu neuen Bedingungen für Einkaufsorganisationen, können sie Entwicklungen früher als andere nutzen und sich damit Wettbewerbsvorteile für die strategische Planung, für Produktion oder auch Vertrieb sichern.

Ganz herzlich bedanken möchte ich mich bei den Autoren des Buches, die sich mit großem Engagement und Leidenschaft dem Thema *Einkaufsagenda 2020* gewidmet haben und tief in die Zukunft eingestiegen sind. Wir haben bei der Erarbeitung der Inhalte für das Buch oft und angeregt über relevante Prozesse und Projekte von morgen debattiert und dabei festgestellt, dass Zukunft zu gestalten Mut und Ideenreichtum verlangt, vor allem aber Offenheit für Veränderungen. Gemeinsam werden wir nun in den nächsten Jahren die Einkaufstrends national und global intensiv beobachten, analysieren und Konsequenzen für die Einkaufsorganisationen unserer Kunden gestalten – denn die Zukunft allein ist unser Zweck.

Ein besonderer Dank geht an meine Frau Stefanie, die auch bei diesem Buch erneut ein wichtiger Ratgeber war. Immer wieder an den Formulierungen feilend, war es sicherlich nicht immer einfach, ihre doch zuweilen »schmerzhaften«, kritischen Fragen zu beantworten.

Dem Buch und dem Inhalt hat es gutgetan, und so war ihre Hartnäckigkeit eine große Hilfe auf dem Weg zu mehr literarischer Qualität.

Gerd Kerkhoff, im September 2009

Kapitel 1
Vorausschauendes Handeln bringt Wettbewerbsvorteile – gerade im Einkauf

Der geübte Blick in die Gazetten dieser Welt ist für Unternehmer derzeit wahrlich kein Vergnügen: schlechte Nachrichten im Wirtschafts- oder Finanzteil, wohin das Auge schaut. Da fällt der Blick nach vorne natürlich schwer. Besonders dort, wo alle unternehmerischen Kräfte gebraucht werden, um aktuelle Herausforderungen wie ausbleibende Nachfrage, Überkapazitäten an Produkten und Personal sowie fehlende Überbrückungskredite zu meistern. Doch wer sich zukünftigen Aufgaben erfolgreich stellen will, kommt um die aktive Auseinandersetzung mit möglichen Entwicklungen, die die eigene Branche, das eigene Unternehmen und vor allem eine effektive Beschaffung betreffen, nicht herum.

Das Motto der drei weisen Affen, die nichts sehen, nichts hören und nichts sprechen, hilft nicht wirklich weiter. Denn nur wer heute bereits aktiv über Zukunft nachdenkt, für sich und seinen Einkauf adäquate Strategien entwickelt, kann seine unternehmerische Zukunft gestalten und sich wertorientiert aufstellen.

Abb. 1:   Drei Affen
(Bildnachweis/Credit: mauritius images/dieKleinert/Drei Affen)

Einkaufsagenda 2020. Gerd Kerkhoff
Copyright © 2010 WILEY-VCH Verlag GmbH & Co. KGaA, Weinheim
ISBN: 978-3-527-50501-2

In der aktuellen Situation fällt die Auseinandersetzung mit zukünftigen Entwicklungen noch aus einem weiteren Grund sehr schwer. So hat sich das Tempo der wirtschaftlichen Veränderungen in den vergangenen Jahren derart beschleunigt, dass viele Unternehmer und Wirtschaftslenker nicht nur zu beschäftigt sind, um sich mit den Möglichkeiten zukünftiger Entwicklungen auseinanderzusetzen. Nein, viele bezweifeln vielmehr grundsätzlich, ob derlei Überlegungen angesichts der Rasanz der Veränderungen überhaupt sinnvoll und nachhaltig sind. Denn irgendwie scheint das ökonomische Geschehen immer einen Schritt voraus zu sein. Viele Unternehmer und gerade Einkäufer betrachten sich zwischenzeitlich selbst als Spielball von Marktmechanismen, auf die sie keinerlei Einfluss mehr haben. Solide gerechnete Investitionsentscheidungen von gestern holen sie heute mit einer solchen Wucht und Schonungslosigkeit ein, dass rasch von der »unternehmerischen Ohnmacht« oder dem »wirtschaftlichen Schicksal« gesprochen wird. Die Beschaffung trifft die aktuelle Krise sicherlich in besonderer Weise: Gerade hier werden vom Einkäufer noch drastischere Einsparungen verlangt, sollen Beschaffungsquellen weiter optimiert und standardisiert werden – und das bei immer unsicherer werdenden Rahmenbedingungen. War der Ölpreis noch vor einem Jahr scheinbar auf einem Allzeithoch, von dem er sich so schnell nicht wegbewegen würde, so stürzte er innerhalb weniger Wochen um mehr als die Hälfte ab. Ebenso rasant konnten sich Wege und Quellen der Beschaffung ändern – war mit dem steigenden Ölpreis das Thema Transportkosten wieder auf der Agenda der Einkaufsabteilungen weltweit, so konnte dieser Kostenpunkt wenige Wochen später nach dem Absturz des Ölpreises und damit auch der Logistikkosten in der Prioritätenliste wieder nach hinten rücken. Dafür mussten politische Entwicklungen, die wiederum Einfluss auf die Liefersicherheit der Supply Chain hatten, erneut in den Fokus gerückt werden. Für Einkäufer, die neben sicheren Lieferwegen und pünktlicher Belieferung auch noch optimale Preise im Auge haben müssen, ein dauerhafter Platz auf des Messers Schneide.

Sicherlich ist die aktuell um sich greifende Finanz- und Wirtschaftskrise ein außergewöhnliches und kaum greifbares globales Phänomen. Doch sprachen Zeitungen weltweit nicht bereits zu Beginn des 21. Jahrhunderts von einer Weltwirtschaftskrise – damals nur unter dem Vorzeichen des Platzens der Internetblase? Und liegt diese Internetblase nicht erst zehn Jahre zurück? Sind nicht generell in den vergangenen zwanzig Jahren internationale Finanz-, Währungs- und Wirtschaftskrisen in immer schnellerer Abfolge aufgetreten – zum Teil regional begrenzt, zum Teil aber auch mit weltweiten Auswirkungen?

Erinnert sei an dieser Stelle beispielhaft nur an das Jahr 1987, als das Nachrichtenmagazin *Der Spiegel* am 16. November 1987 titelte: »ANGST – Weltwirtschaftskrise – Börsencrash – Dollarsturz – Millionen Arbeitslose«. Diese Krise war durch den höchsten Absturz des US-amerikanischen Börsenindex Dow Jones an einem Börsentag verursacht worden: Am 19. Oktober 1987 stürzte der Dow um 22 Prozent ab, ihm folgten anschließend die europäischen und die japanischen Märkte. Für wenige Wochen schien die ökonomische Welt aus den Fugen zu geraten – doch die Märkte stabilisierten sich entgegen den Vorhersagen überraschend schnell und die Weltwirtschaft kehrte nach turbulenten Wochen und Monaten zu ihren Alltagsgeschäften zurück.

Die aktuelle Wirtschaftskrise

Die aktuelle Wirtschaftskrise nahm ihren Anfang Mitte des Jahres 2007, als sich auf dem US-amerikanischen Immobilienmarkt eine Finanzkrise (auch Subprime-Krise genannt) abzeichnete. In den USA konnten Immobilienbesitzer von einer langen Preissteigerungsphase am Immobilienmarkt profitieren, was letztlich zu einer Blasenbildung führte. Dank dieser Blase konnte die US-amerikanische Volkswirtschaft lange satte Gewinne einfahren, da nach dem Aktiencrash infolge der Internetblase die US-Zentralbank die Zinsen niedrig hielt und die Bürger mehr in Immobilien investierten. Daher weiteten die US-amerikanischen Hypothekenbanken ihre Kreditvergabe weit aus – zum Teil wurden Kredite an Schuldner vergeben, die diese im Ernstfall nicht bedienen konnten. Als tatsächlich immer mehr Schuldner ihre Kredite nicht zurückzahlen konnten, blieben die Banken auf ihren Krediten sitzen. Mehrere große amerikanische Banken und Versicherer mussten Konkurs anmelden oder schränkten ihre

Kreditvergaben akut ein, wonach die Finanzkrise auf die Realwirtschaft übergriff. Es kam zu Kursstürzen an den globalen Aktienmärkten. Politiker weltweit mussten in konzertierten Aktionen die Weltwirtschaft stützen, damit es nicht zu Massenentlassungen und einem vollkommenen Vertrauensverlust aller an der Wirtschaft beteiligten Akteure kam.

Im Jahr 1997/1998 zog die Asienkrise die Weltwirtschaft ins Minus, infolge maßloser Investitionen, exzessiver Kreditaufnahmen und schwacher regionaler Finanzmarktstrukturen mussten viele südostasiatische Staaten wie Indonesien, Südkorea und Thailand, aber auch Malaysia, die Philippinen und Singapur mit einer tiefen Rezession kämpfen, von der sich die Länder erst seit dem Jahr 2005 erholen konnten.

Auch Amerika wurde in dieser Zeit nicht von Krisen verschont. Mexiko rutschte im Dezember 1994 in eine Währungskrise, da die mexikanische Regierung nicht in der Lage war, den festgelegten Wechselkurs des Pesos gegenüber dem US-Dollar aufrechtzuhalten, was zu einer generellen Vertrauenskrise führte und den massiven Abzug ausländischen Kapitals zur Folge hatte.

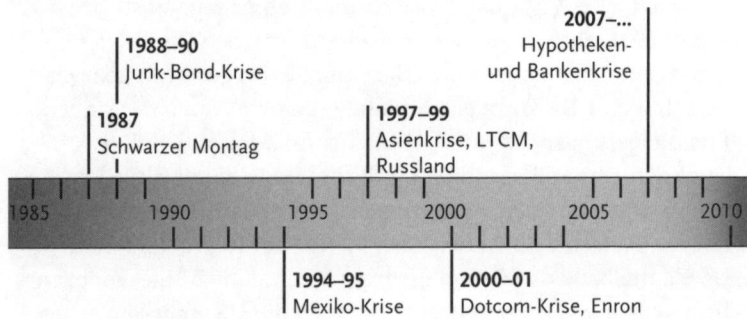

Abb. 2: Auswahl jüngster Finanzkrisen
Quelle: Kerkhoff Consulting

Eines zeigt diese sicherlich unvollständige Aufzählung von Krisen aber deutlich: In der letzten Dekade des 20. und zu Beginn des 21. Jahrhunderts scheinen Krisen immer häufiger aufzutreten. Was die Ursachen für dieses gehäufte Auftreten sind, wird unter Wirtschaftsexperten noch heiß diskutiert. Fest steht offenbar nur, dass derartige Entwicklungen nicht ganz bzw. gar nicht verhindert werden können – weder von der Politik noch von den Märkten selbst.

Ölkrise 1973

Die erste deutliche Zäsur im wirtschaftlichen Wachstum der Bundesrepublik Deutschland erfolgte im Jahr 1973, als eine starke Erhöhung des Ölpreises die ölabhängige deutsche Industrie unter Druck setzte. Während des israelischen Jom-Kippur-Krieges setzen mehrere OPEC-Staaten den Ölboykott gegen die Verbündeten Israels ein und reduzierten die Ölproduktion um bis zu 25 Prozent. Kurz darauf wird das Energiesicherungsgesetz verabschiedet. Es folgt ein Anwerbestopp für Gastarbeiter und ab dem 25. November gilt ein Autofahrverbot an mehreren Sonntagen. Mittelfristig führt die Ölkrise zum Ausbau der europäischen Öl- und Gasförderung, zu Erdgasgeschäften mit der damaligen UdSSR sowie zum Ausbau der Atomenergie. Trotz der getroffenen Maßnahmen flacht das Wirtschaftswachstum infolge der Ölkrise ab – die Bundesregierung steuert mit Konjunkturprogrammen gegen, die durch Neuverschuldung finanziert werden. In der Folge kommt es zu deutlichen Erhöhungen des Preisniveaus – und die Wachstumsschwäche lässt Anfang der Achtzigerjahre die Arbeitslosigkeit in Deutschland sprunghaft ansteigen.

Daher ist es für Unternehmenslenker und Einkäufer umso wichtiger, Strategien zu entwickeln, um derartigen Herausforderungen aktiv zu begegnen und sie nicht nur hilflos zu erdulden. So kann ein Blick in die junge und jüngste Vergangenheit helfen, um vorausschauende Beispiele zu erkennen und Lehren aus dem entsprechenden Verhalten zu ziehen. Denn nur wer sich mit der Gegenwart und Vergangenheit beschäftigt, kann Erkenntnisse aus vergangenen Entwicklungen als Lehre für die Zukunft ziehen.

Der Einkauf muss Veränderungen erkennen und gestalten

Die aktuelle Wirtschaftskrise hat Unternehmenslenker weltweit auf den Plan gerufen. Nachdem sich deutliche Absatzeinbrüche ankündigten, stellten Unternehmen gleich mehrere Aktivitäten in verschiedenen Unternehmensfunktionen um. So sicherten sie offene Forderungen bei Kunden ab, erlaubten keine Vorkassegeschäfte ohne Absicherung, und sie arbeiteten enger mit ihren Lieferanten zur Gewährleistung der Liefersicherheit zusammen.

Speziell dieser letztgenannte Punkt fällt in Krisenzeiten solchen Unternehmen leichter, die schon in den Jahren zuvor integrierte und risikobewusste Sourcingstrategien entwickelten und umsetzten. Beispielsweise sorgt eine breit aufgestellte Lieferantenbasis, von der Unternehmen die eigenen Rohstoff- oder Vorproduktkomponenten beziehen, für eine entsprechende Risikostreuung für den Fall, dass ein Lieferant kurzfristig ausfällt oder gar Insolvenz anmeldet.

Maßnahmen wie Kurzarbeit gaben und geben den Unternehmen die Möglichkeit, ihre Kostenseite nach Auftragseinbrüchen zu entlasten. Wie stark von diesen Möglichkeiten Gebrauch gemacht wird, zeigt beispielhaft die Kurzarbeit, die in Deutschland enorm anstieg. Wie schnell oder langsam sich die weltweite Wirtschaft von den massiven Einbrüchen erholt, ist derzeit noch völlig offen.

Zudem wurden seitens proaktiver Einkaufsbereiche auch bewusst Bestellmengen wegen der zu erwartenden Überkapazitäten reduziert oder es wurde ein Lager im eigenen Haus aufgebaut, um sinkende Absatzmengen zwischenlagern zu können.

Der Einkauf hat also schnell auf die rapide einbrechenden Verwerfungen in der Weltwirtschaft reagiert – und musste auch reagieren, denn der Nachfragerückgang war gewaltig. Ein Blick zurück zeigt, dass dies in allen so genannten Weltwirtschaftskrisen der Fall war: Immer war der Einkauf an vorderster Front gefragt, wenn Strategien zur Bewältigung von Nachfragerückgängen gefunden werden mussten.

Reduzierung von Rohstoffvorkommen

Doch nicht nur reaktive Maßnahmen wurden als Antwort auf die teils rasanten Geschäftseinbrüche gefunden.

Schon zu Zeiten der Ölkrise 1973 (siehe Kasten zur Ölkrise 1973) wurden Unternehmen mit der Endlichkeit beziehungsweise der Verknappung von Rohstoffen nachdrücklich konfrontiert. Das Jahr 1973 ist dahingehend eine Zäsur, dass insbesondere den westlichen Industrienationen erstmals nachdrücklich bewusst wurde, wie abhängig sie von der sicheren und reibungslosen Versorgung mit dem so genannten Schmierstoff der Weltwirtschaft geworden waren. Denn bereits damals konnten sich die Industrienationen schon lange nicht mehr selbst mit dem kostbaren Rohstoff versorgen – der politisch instabile Nahe Osten hatte und hat bis heute die größten Rohölvorräte der Welt.

So kann die Ölkrise nicht zuletzt als Auslöser für eine Umorientierung von Produktionstechniken und Produktbeschaffenheiten verstanden werden. Zur Vermeidung weiterer Abhängigkeiten von dem Rohstoff Öl begannen viele Unternehmen, sich hin zu alternativen Einsatzstoffen und Technologien zu orientieren. Die Ölpreiserhöhungen schlugen auf eine Vielzahl von Produkten durch – an dieser Stelle seien exemplarisch nur chemische Produkte oder Kunststofferzeugnisse vom Margarinebecher bis zur Parkbank genannt.

Im Zuge dieser Entwicklungen begannen diverse Firmen, ihre eigenen Erzeugnisse und Zukaufteile auf deren Beschaffenheiten hin zu prüfen und alternative Roh- und Inhaltsstoffe zu eruieren. Mit der Unterstützung bestehender oder alternativer Anbieter wurden Untersuchungen initiiert, die auf die Substituierbarkeit bestehender Bauteile oder Komponenten auf Basis geänderter Rohstoffe und Vorprodukte abzielten.

In engem Zusammenspiel mit allen Schnittstellenfunktionen eines Unternehmens wie beispielsweise Forschung & Entwicklung, Konstruktion, Realisation oder auch Vertrieb führen solche, durch Einkauf und Lieferanten auf den Plan gerufenen Ausarbeitungen zur Minimierung rohstoffbedingter Abhängigkeiten bei der eigenen Beschaffung und Produktion.

Schon früh zeigten sich mit solchen Aktivitäten die Möglichkeiten eines aktiven Risikomanagements seitens des Einkaufs in Unternehmen. So oblag der Erfolg dieser Neuorientierung nicht zuletzt der Qualität und der Ideenvielfalt der Einkaufsabteilungen, welche die Märkte hinsichtlich ihrer potenziellen und letztlich praktischen Möglichkeiten zu prüfen hatten.

Um sich schon frühzeitig auf Krisen einstellen zu können, bedarf es einer rechtzeitigen Erkennung und Auseinandersetzung mit den Ursachen und Auswirkungen. Durch vorausschauendes und proaktives Handeln können notwendige Spielräume bei der Reaktion auf bspw. geänderte Marktverhältnisse geschaffen werden.

Krisen versus Veränderungen

Neben den so genannten Krisen zwingen aber auch allgemeine Entwicklungen und Veränderungen Unternehmen dazu, ihre Einkaufsaktivitäten neu zu ordnen beziehungsweise früh die Grundlagen für Anpassungen und adäquate Reaktionsmuster zu schaffen.

Denn in vielen Feldern menschlichen Lebens wie Gesellschaft, Politik und Märkte, Ökologie oder Personalwesen gehen beständig Veränderungen vor sich – schließlich ist kein Lebensbereich statisch und bleibt in sich immer gleich. Veränderungen gehören zum menschlichen und damit auch zum wirtschaftlichen Leben dazu – ohne sie wären wir in einer Art ewigem Stillstand gefangen.

Allerdings hat sich analog zur Anhäufung von Krisen zumindest scheinbar das Tempo von Veränderungen beschleunigt. Das deutlichste Beispiel liefert sicherlich der technologische Fortschritt und hier insbesondere das Internet, das die Möglichkeit für Übertragungen von Informationen immens beschleunigt hat (siehe auch Kapitel 3, Technologie). Doch nicht nur dieser Bereich hat in den vergangenen Jahren einen außerordentlich rasanten Wandel erfahren, auch andere Lebensbereiche ändern sich dramatisch.

Wandel der Handelsbündnisse

Politische Entwicklungen können beispielsweise Einkäufer dazu zwingen, neue Beschaffungswege zu erschließen. Dem freien Welthandel diente beispielsweise das allgemeine Zoll- und Handelsabkommen GATT (engl.: General Agreement on Tariffs and Trade), das am 1. Januar 1948 in Kraft trat. Zuvor konnte der Plan der Vereinten Nationen, eine internationale Handelsorganisation einzurichten, nicht verwirklicht werden. Stattdessen konnte sich die Staatengemeinschaft auf das GATT einigen und damit die Basis für eine internationale Vereinbarung für den Welthandel bilden. Bis zum Jahr 1994 wurden in acht Verhandlungsrunden Zölle und Handelshemmnisse weltweit immer weiter abgebaut. Nach dem Prinzip der Inländerbehandlung in Art. III GATT müssen ausländische und inländische Anbieter grundsätzlich gleich behandelt werden. Das gab dem internationalen Handel und damit auch der internationalen Beschaffung von Rohstoffen und Vorprodukten einen enormen Auftrieb.

Vernetzung der Welt – Beschaffung im digitalen Umfeld

Mit der weltweiten Verbreitung der elektronischen Datenautobahnen seit dem Beginn des neuen Jahrtausends führt der digitale Datenaustausch teilweise zu reinen Bestell- und Abrechnungsvorgängen über EDI, das so genannte E-Procurement (siehe Kasten). Die Digitalisierung hat das Tempo von Bestellvorgängen erheblich beschleunigt – Daten und Informationen jagen seither rund um den Globus in Sekundenschnelle und haben das Beschaffungswesen damit nicht nur erheblich temporeicher, sondern auch internationaler gemacht.

E-Procurement als Wettbewerbsvorteil

Bei Unternehmen, die eine E-Procurement-Lösung – also die Beschaffung von Dienstleistungen und Gütern über das Internet – eingeführt haben, sind die Verbesserungen eindeutig messbar. Die Kosten für den Bestellprozess sanken von bisher durchschnittlich 51 US-Dollar auf 26 US-Dollar. Auch der Zeitraum von der Bedarfsanforderung aus der Disposition bis zur Bestellung ließ sich von 9,6 Tagen auf 3,4 Tage verkürzen. Die vorgegebenen Einkaufsbudgets konnten bis zu 60 Prozent eingehalten werden. Zuvor waren es nur 42 Prozent gewesen. Der Anteil des Maverick Spending sank von bisher einem Drittel auf ein Fünftel.

Denn mit der Vernetzung der Wirtschaftsräume und der fortschreitenden Digitalisierung der Unternehmen wuchs auch die potenzielle Chance auf sichere und lieferfähige internationale Einkaufsbündnisse. Den Einkaufsabteilungen standen nunmehr weite Teile der Welt für die eigene Material- und Dienstleistungsbeschaffung zur Verfügung. Von der E-Mail bis hin zum Austausch von Prüfberichten und Spezifikationen auf digitalem Wege – die Transaktionskosten für überregionale Zusammenarbeiten sanken von Jahr zu Jahr. Im Zuge dieses fortschreitenden technischen Wandels gelang es nunmehr nicht allen Einkaufsbereichen, sprachlich und kulturell mit den neuen potenziellen Möglichkeiten Schritt zu halten. Nur wenige Unternehmen investierten sowohl in Technik als auch in das Know-how der eigenen Mitarbeiter – im Sinne von Sprachtrainings und interkulturell weiterbildenden Maßnahmen, um all die neuen Möglichkeiten wahrzunehmen, die sich innerhalb kürzester Zeit ergeben haben.

Fragmentierung der Märkte – wechselndes Verbraucherverhalten

Und auch die Konsumentenwünsche, also die Nachfrageseite, müssen bei zukünftigen Entwicklungen immer, wenn nicht sogar maßgebend, im Blick bleiben. Für Unternehmen mit heterogenen und die Abwechslung liebenden Kunden ergeben sich somit nicht nur produkt- und geschmacksseitig immense Herausforderungen.

Gesellschaftliche Entwicklungen wie die zunehmende Überalterung der Weltbevölkerung, die fortschreitende Individualisierung oder auch der wachsende Anteil von Frauen an der Erwerbsbevölkerung haben direkten Einfluss auf Produktentwicklungen und Produktlebenszyklen.

So werden beispielsweise durch die zunehmende Individualisierung immer mehr und vor allem kleinere Packungseinheiten gebraucht – in einigen Jahren ist auch die komplette Individualisierung vieler Güter und Dienstleistungen auf Basis eines persönlichen Präferenzkataloges denkbar.

Wenn beispielsweise Sparangebote im 750-Gramm-rundum-sorglos-Glas dem Endverbraucher nicht mehr für den eigenen Bedarf passend erscheinen, müssen Produzenten mit entsprechenden Größenreduzierungen reagieren. In der Kette bis zum eigenen Vorlieferanten bedeutet dies für den verantwortlichen Einkauf eines solchen Unternehmens, flexible und anpassungsfähige Lieferanten in seinem Portfolio zu haben. Ähnlich sieht es mit dem sich rasch verändernden Markt des Gesundheitswesens aus – Patienten, die immer mehr Zuzahlungen aus der eigenen Tasche leisten müssen, werden zu Kunden mit individuellen Wünschen, die sie klar äußern und auch erfüllt sehen wollen.

Denn nicht nur die einmalige Veränderung der einzelnen Packungsgrößen – nein, vielmehr die Spontaneität und Unvorhersehbarkeit des Konsumentenverhaltens erfordert Lieferanten, die auch kurzfristige Abrufe bei Verbrauchsschwankungen und Nachfragespitzen prozessual sicher und kostenädaquat bewerkstelligen können.

Darüber hinaus wurden in der Vergangenheit bereits viele Lieferanten in den Prozess der Produkt- und Sortenentwicklung frühzeitig eingebunden. Neben einem so gewährleisteten Know-how-Transfer über die eigene Wertschöpfungsstufe hinaus konnten in diversen Industrien sowohl für den Kunden als auch für Lieferanten Potenziale aus Gleichteilentwicklungen generiert werden. Das bedeutet, es konnte unter Hinzuziehung des Einkaufs und des Lieferanten gemeinsam mit der eigenen Forschungs-und-Entwicklungs-Abteilung ein produktseitiger Basisstandard geschaffen werden, der dem Lieferanten bei der Fertigung einen höchstmöglichen Spielraum für Flexibilität und Anpassungsfähigkeit erlaubt.

Diese Änderungen in der Nachfrage haben somit weitreichende Konsequenzen für die Lieferanten-Abnehmer-Beziehungen. Unternehmen binden ihre Lieferanten immer frühzeitiger in den Entstehungsprozess eines Produktes ein, um so neue Ideen schnellstens zu realisieren. Das erfordert mitunter eine Neustrukturierung unternehmerischer Vergabekonzepte zur Gewährleistung einer schnellen Reaktions- und damit Produktionszeit. Einkäufer werden sich immer früher in den Planungs- und Herstellungsprozess ihrer Zulieferer einschalten müssen, da sie nur so gewährleisten können, dass die ganze individuelle Bandbreite der Kundenwünsche bedacht wird.

Generell werden sowohl die Zusammenarbeit als auch die Vertragsform zwischen Abnehmer und Lieferant neue Formen annehmen. Lieferanten werden neue Aufgaben übernehmen können – von der Koordination bis zur Gestaltung eines Produktes und seiner Markteinführung sind viele Modelle denk- und realisierbar.

Auswirkungen auf den Einkauf

Wer die Entwicklung der Beschaffung in den vergangenen hundert Jahren unternehmerischen Tuns betrachtet, der stellt fest, dass es Krisen und Veränderungen

- immer gegeben hat, dass sich allerdings
- das Tempo sowohl bei Veränderungen als auch in der Abfolge von Krisen erheblich beschleunigt hat und
- dass der Einkauf sowohl bei Krisen als auch bei Veränderungen eine Art »Frühwarnsystem« entwickeln muss, mit dessen Hilfe er immer up-to-date ist, um die neuen Entwicklungen und Richtungen erkennen zu können und gegebenenfalls entsprechende Maßnahmen oder neue Handlungsmuster für sein Unternehmen zu implementieren.

Damit das gelingen kann, müssen sich Einkaufsabteilungen noch intensiver als bisher mit allen Aspekten der Zukunft beschäftigen. Und zwar nicht nur in direkt ökonomischem Zusammenhang, sondern auch mit Bereichen, die den Einkauf eines Unternehmens vielleicht erst indirekt betreffen können. Das können beispielsweise gesellschaftliche, aber auch politische Entwicklungen sein wie die Öffnung ehemals verschlossener Märkte sowohl als Beschaffungs- als auch als Absatzmärkte. Oder auch Entwicklungen, die sich aus dem neuen ökologischen Bewusstsein ergeben, wie z. B. die Forderung nach einer nachhaltigen Unternehmensführung, der so genannten Corporate Social Responsibility, die sich im Idealfall bis in die letzten Winkel der Lieferkette nachverfolgen lässt.

Diese Fülle von Entwicklungen, die sich bereits heute mehr oder minder stark abzeichnen, bedingt für den Einkauf vor allem eines: eine dauerhafte und ständige intensive Auseinandersetzung mit der Zukunft. Und das wiederum hat ein erheblich komplexeres Verständnis zur Folge von dem, was der Begriff Einkauf oder auch Beschaffung umfasst. Denn es zeichnet sich deutlich ab, dass diese Abteilungen erheblich mehr leisten können und heute auch müssen, als billige Rohstoffe und Vorprodukte zu finden und für das eigene Unternehmen nutzbar zu machen. Um dieser Rolle in einer immer komplexer werdenden Welt gerecht zu werden, sind heute weit mehr Voraussetzungen notwendig als noch vor wenigen Jahren.

Für den Einkauf selbst bedeutet das vor allem, sein Selbstbild angesichts der drängenden Zukunftsfragen kritisch zu hinterfragen: Will er weiterhin nur der simple Beschaffer sein, der eingleisig seiner Aufgabe des möglichst kostengünstigen Einkaufens nachgeht? Oder sieht er sich selbst als Problemlöser, der an der vordersten Front seines Unternehmens steht und an entscheidender Stelle dabei mitwirkt, in welche Richtung die Fahrt geht? Denn wer als Pionier unterwegs ist, der schlägt eben neue Wege ein und sichert sich Wettbewerbsvorteile und damit vor allem den besten Weg zum Kunden.

Eine immer schneller und teils auch unberechenbarer agierende Welt macht diese Aufgabe sicherlich nicht leicht – doch wenn der Einkauf seine Hausaufgaben gemacht hat und zukünftige Entwicklungen antizipiert, so ist er sicherlich in der Lage, Wettbewerbsvorteile zu finden und zu nutzen. Im folgenden Kapitel sind die entscheidenden Trends in den Bereichen Gesellschaft, Wirtschaft und Markt, Technologie, Ökologie und Personal bis zum Jahr 2020 und ihre Konsequenzen für den Einkauf dargestellt. Denn wer ein Pionier im Einkauf sein will, der muss die Trends von morgen kennen und die richtigen Schlüsse für sich und sein Unternehmen daraus ableiten.

Kapitel 2
Wie Trends den Einkauf prägen

Wissen, was wirklich wird. Das war schon immer ein Traum der Menschen. Trendforscher ersetzen heute die Seher und Orakel aus dem Altertum. Doch was heißt das eigentlich: den Trends folgen, Trends setzen? Das Fremdwörterbuch des Duden definiert Trends wie folgt: Trend (engl.), Grundrichtung einer statistisch erfassbaren wirtschaftlichen Entwicklungstendenz. Hilft das wirklich weiter? Beim zweiten Lesen wird die Definition klarer und zeigt die zwei Seiten einer Medaille. Auf Grundlage aktuell erhobener Daten aus den verschiedensten Lebensbereichen wagen Wissenschaftler einen Blick in die Zukunft und zeigen, wie sich Wirtschaft, aber auch Politik, Technologie und Gesellschaft in all ihren Facetten weiterentwickeln könnten.

Ein Trend ist also ein Instrument zur Beschreibung von zukünftigen Veränderungen in allen Bereichen der Gesellschaft – eben auch in der Wirtschaft. Und so wird nur der Einkauf, der sich bereits heute mit den möglichen Entwicklungen von morgen beschäftigt, für ein Unternehmen einen langfristigen und substanziellen Ertrag erwirtschaften können. Eine nur rückwärts gerichtete, an alten Erfahrungswerten festhaltende Einkaufseinheit kann nie die entscheidenden Impulse geben oder das Unternehmen prägend gestalten. Gerade im Einkauf müssen Veränderungen im politischen, gesellschaftlichen, technologischen oder ökologischen Umfeld frühzeitig wahrgenommen werden, um entsprechende zukunftsrobuste Strategien entwickeln zu können und Zukunftsmärkte zu erkennen und zu gestalten.

Vor diesem Hintergrund ist es sinnvoll, sich mit den aktuellen Trends zu beschäftigen, die Gesellschaft, Wirtschaft, Technologie und Politik im Zeitraum bis zum Jahr 2020 nach Ansicht von Forschung und Wissenschaft prägen könnten. Schließlich hat sich

Einkaufsagenda 2020. Gerd Kerkhoff
Copyright © 2010 WILEY-VCH Verlag GmbH & Co. KGaA, Weinheim
ISBN: 978-3-527-50501-2

bereits eine eigenständige Wissenschaft, die Trendforschung, um das Beobachten und Vorhersagen von Trends etabliert.

Trendforschung – was ist das eigentlich?

Trendforscher sehen in einem Trend also eine Veränderung einer bestimmten Ausgangslage, die vor allem durch die Zeit, aber auch durch ihre Stärke, Richtung und Geschwindigkeit gemessen und damit auch gedeutet werden kann.

Die Trendforschung sagt demnach von sich selbst, dass sie aus bestehenden Daten der Gegenwart neue Erkenntnisse gewinnt. Das und die oft oberflächliche Verwendung der Begriffe Trend im Sinne von Mode (»Der Trend der Sommersaison«) und Trendforschung im Sinne von Konsumentenwünschen (»Trend zu Bioprodukten«) lässt häufig die Frage offen, wie fundiert die jeweils neu identifizierten Trends denn nun sind. Vom schon genannten Blick in die Glaskugel bis hin zu statistisch-wissenschaftlichen Methoden scheint auf den ersten Blick alles möglich. Trendforschung ist daher immer auch eine umstrittene Wissenskategorie. So gibt es renommierte Sozialwissenschaftler wie Holger Rust, Professor an der Universität Hannover, die der Trendforschung außerhalb des universitären Raumes sehr kritisch gegenüberstehen: »Der Begriff Trendforschung ist an sich neutral, wird aber von einer Szene okkupiert, die international durch ihre voluntaristischen Deutungen vermeintlich zeitgeistiger Tendenzen publizistisch aktiv ist.«

Matthias Horx:

»Sie müssen sich eigentlich fragen: Wohin neigt die Gegenwart? Denn das ist letzten Endes Aufgabe der Trendforschung – die Trends zu diagnostizieren und zu analysieren, die unsere Zukunft bestimmen werden. Grundsätzlich gibt es einen Unterschied zwischen Trend- und Zukunftsforschung. Trendforschung untersucht die heute existierenden Wandlungsprozesse. Zukunftsforschung beschäftigt sich mit weit vorausliegenden Dingen etwa des Jahres 2050.«

Quelle: FAZ vom 30.12.2007, Interview mit Matthias Horx

Die statistisch wissenschaftlich basierte Trendforschung jedenfalls greift auf Methoden der Marktforschung und der statistischen Analyse zurück. Die Herausforderung dabei ist es, Trends möglichst frühzeitig zu identifizieren und vorherzusagen. Doch die Trendforschung geht noch einen Schritt weiter: Sie verdichtet Informationen, indem sie Veränderungen und Tendenzen, die sich in der Gesellschaft abspielen, erst einmal versteht, dann darstellt und beurteilt, um sie letztlich neu aufzubereiten.

Dabei untersucht die neuere Trendforschung vor allem die aktuellen und zukünftigen Absatzmärkte und die Konsumenten selbst – beispielsweise ihre Motive, ihre Ethik beim Einkauf, aber auch ihre Werte oder Lebenseinstellung wie Cocooning oder Vereinfachung. Eine Überführung dieser Themen in Richtung Einkauf oder Beschaffung findet im Rahmen der Trendforschung jedoch entweder gar nicht oder nur in sehr begrenztem Umfang statt.

Arten von Trends

In ihrer Arbeit unterscheiden Trendforscher verschiedene Arten von Trends, die sich vor allem hinsichtlich Zeit, aber auch durch ihre Stärke, Richtung und Geschwindigkeit unterscheiden.

- Metatrends sind evolutionär bedingt und unterliegen keinen Zyklen. Darunter verstehen Trendforscher universelle Grundregeln wie Naturgesetze oder auch eine Bündelung von Megatrends. Beispiele für solche Metatrends sind der Trend zur Komplexität oder auch der Übergang von der Dienstleistungs- zur Wissensgesellschaft.
- Megatrends unterliegen einem Zeithorizont von mindestens 25 Jahren. Megatrends sind globale Veränderungen in Gesellschaft, Wirtschaft und Technik, die durchaus vorübergehenden Rückschlägen ausgesetzt sein können, wie beispielsweise der Trend zur Globalisierung oder auch die demografische Entwicklung.
- Soziokulturelle Trends haben einen Zeithorizont von 5 bis 8 Jahren. Sie drücken Lebensgefühle und Sehnsüchte von Menschen aus wie beispielsweise der Trend zur Verlangsamung (Slowness) oder auch der Gesundheits- und Wellness-Trend.

- Konsumtrends beschreiben einen Zeithorizont von 5 bis 8 Jahren und gehen mit dem gesellschaftlichen Wandel einher, meist zeitgleich mit Marktzyklen wie beispielsweise dem Trend zu Bioprodukten.
- Produkt-/Mode-/Marketingtrends (Zeithorizont 5–10 Jahre) betreffen die Vermarktung von Produkten oder Services wie zum Beispiel der Trend zur Natürlichkeit oder zur »urban mobility«.

Für mögliche Zukunftsszenarien sind nach dieser Klassifikation also vor allem die Megatrends wichtig. Sie haben den längsten Zeithorizont und häufig auch die stärkste Wirkung auf das Zeitgeschehen. Daher sollten sie im Mittelpunkt der nachfolgenden Untersuchung stehen.

Wie entstehen Megatrends?

Der Begriff »Megatrend« geht auf das erste Buch des US-Amerikaners John Naisbitt namens *Megatrends* aus dem Jahr 1982 zurück. Er definiert Megatrends als Strömungen, die einen Zeithorizont von 25 und mehr Jahren umfassen, deren Reichweite eine große transformative Kraft erreicht und die sehr intensiv auf die verschiedenen Ebenen Gesellschaft, Politik und Wirtschaft einwirken. John Naisbitt identifizierte in seinem Werk seinerzeit folgende Megatrends:

- Übergang von der Industrie- zur Informationsgesellschaft
- die Doppelfunktion von High Tech und High Touch in der Technologie
- die fortschreitende Globalisierung
- die Abnahme kurzfristiger Entscheidungen in der Wirtschaft
- die wachsende Bedeutung der Frauen und
- die Stärkung dezentraler Einheiten (»Global Paradox«)

Peter Sellers:

»Die Zukunftsforschung ist die Kunst, sich zu kratzen, bevor es einen juckt.«

Megatrends als langfristige Trends sind nicht nach Bedarf zu entwerfen. Deshalb gibt es hierbei auch keine »Trendsetter« im eigentlichen Sinne. Man spricht im Trendumfeld von »Innovatoren«, die der Gesellschaft quasi neue Vorschläge unterbreiten. Nun hängt es davon ab, wie viele »early adopters« sich den Innovatoren anschließen, also Menschen, die diese Idee oder Gedanken oder auch Überzeugungen teilen und weiterverbreiten. Nur wenn genügend »early adopters« der Innovation folgen, werden weitere und später viele bis alle Menschen der Innovation folgen, so dass man von einem Trend sprechen kann. Um dann schließlich von einem Megatrend sprechen zu können, muss die sich abzeichnende Entwicklung über einen kurzfristigen Konsum- oder soziokulturellen Trend hinausgehen und einen Zeithorizont von mindestens 25 Jahren einnehmen.

Warum sind Megatrends vernetzt?

Gerade Megatrends haben weit reichende Auswirkungen auf nachgeordnete Trendausprägungen in Einzeldisziplinen oder besser: in einzelnen Bereichen des menschlichen Miteinanders. So sorgt beispielsweise der gemeinhin als Megatrend geltende »demografische Wandel«, der besagt, dass die Menschen in den Industriegesellschaften und zunehmend auch in den Schwellenländern immer älter werden und immer weniger Kinder haben, nicht nur für nachhaltige Veränderungen im weltweiten Konsumverhalten. Schließlich kaufen viele ältere Konsumenten anders ein als nur wenige junge Verbraucher. Vielmehr wirken sich die in diesem Zusammenhang beschriebenen Entwicklungen auch maßgeblich auf die Personalmärkte und damit die Belegschaft von Unternehmen aus. Sinkende Geburtenraten gehen einher mit immer stärkerer Konzentration des Wissens auf wenige junge Menschen einer Generation. Diese Faktoren haben letztlich auch gravierende Einflüsse auf unternehmerische Planungen fernab des direkten Absatzmarktes.

Matthias Horx:

»Trends sind keine singulären Symptome, sondern sie sind eingebettet in systemische Veränderungen. Der Konsumententrend zu Bioprodukten hängt mit dem soziokulturellen Trend zu Nachhaltigkeit und Ökologie zusammen; dieser wiederum entsteht aus dem post-materiellen Wertewandel und den veränderten Bedingungen und Knappheiten der globalen Ökonomie.«

Quelle: Horx, M.: Trendspotting und Co.: http://www.horx.com/ Einfuehrung.aspx, Stand: 05.06.2009

Doch nicht nur Veränderungen in der Struktur der Weltbevölkerung bilden die Basis für weiterführende Trendableitungen. Berücksichtigt man unter anderem auch die ökologischen Veränderungen, die mit einem zunehmenden Umweltbewusstsein der Bürger vor allem in der westlichen Hemisphäre einhergehen, so werden zusätzlich Megatrendvernetzungen deutlich. Spätestens mit der in diesem Zusammenhang sukzessiven Ausweitung umweltpolitischer Gesetzesanpassungen hin zu einem grünen und nachhaltigen Wirtschaften werden die Interdependenzen zwischen einzelnen Megatrends deutlich.

Einfluss von Trends auf den Einkauf

Wie lauten nun die Megatrends von heute, die das Leben von morgen prägen werden? Das lässt sich umfassend schwer beantworten, sicher aber in Richtung Einkauf eingrenzen. Deutlich wird diese durch ein Annähern über die Kategorien rund um das menschliche Leben, die von den Megatrends in den kommenden Jahren geprägt werden. Daher untersuchen wir im Folgenden in fünf Kategorien Trends im menschlichen Miteinander. Diese Auswahl erhebt keinen Anspruch auf Vollständigkeit und wurde auf Basis unserer Erfahrungswerte und unseres Kenntnisstandes zusammengestellt.

Die fünf Trendkategorien sind:

- Gesellschaft
- Märkte/Politik

- Ökologie
- Technologie/Kommunikation
- Personal

Überführt man diese fünf Trendkategorien in den Einkaufsfokus, so bedeutet das, sich von Interpretationen zu lösen, die nur den Absatzmarkt in den Mittelpunkt zukünftiger Betrachtung stellen. Denn in der aktuell publizierten Trendforschung liegt der Fokus deutlich auf der Konsumenten- und Käuferseite. Natürlich spielt das Verständnis für die zukünftige mögliche Nachfrageseite eine entscheidende Rolle für den Einkauf der Zukunft. Schließlich bestimmt die Nachfrage von morgen die zu beschaffenden Waren und Dienstleistungen eines Unternehmens in hohem Maß.

Doch liegt in dieser Zwangsläufigkeit nicht ein Gedankenfehler? Ordnet sich der Einkauf als unternehmerische Einheit hier nicht der Vertriebsseite unter – wie so häufig im unternehmerischen Alltag? Und wie so häufig in den Managementlehrbüchern? Da lautet die Struktur ja auch immer: Markt schafft und regelt Nachfrage, Nachfrage sorgt für eigene Produktion, Produktion bestimmt den notwendigen Ein- beziehungsweise Zukauf.

Nähert man sich den Themenfeldern der Trends von morgen aber einmal von der internen, also der Einkaufsseite, so ergeben sich andere Blickwinkel und andere Schwerpunkte, die wiederum direkten Einfluss auf Einkauf und Beschaffung eines jeden Unternehmens ausüben werden. Einen vertiefenden Einblick über die einkaufsseitig relevanten Trends geben die nachfolgenden Ausführungen dieses Kapitels.

Trends in der Gesellschaft

Die Fortschritte in der Medizin, der hohe Wohlstand breiter Gesellschaftsschichten und die seit den Sechzigerjahren stagnierende Geburtenzahl sind drei Tatsachen, die zu wesentlichen Veränderungen in den Gesellschaften der westlichen Industrienationen und zunehmend auch der Schwellenländer führen. Denn immer mehr Menschen werden gesund immer älter und wollen ihre Lebenszeit aktiv und selbstbestimmt gestalten. Gleichzeitig werden immer weniger Kinder geboren. Es gibt zwar große regionale Unterschiede in Sachen Lebenserwartung, Wohlstand und Geburtenrate auf der Welt, doch die grundsätzliche Entwicklungstendenz ist in allen Gesellschaften der Erde gleich.

Gesellschaften sind zu keiner Zeit der menschlichen Geschichte statische Gebilde gewesen. Sie verändern sich in Quantität und Qualität, in ihrer gesellschaftlichen, politischen und wirtschaftlichen Struktur. Neu an der aktuellen Situation ist, dass viele Trends sich immer schneller abwechseln und häufig auch eng miteinander verwoben sind. Manche Trends, die die gesellschaftlichen Entwicklungen in den kommenden Jahren bis 2020 prägen werden, können bereits heute als unumkehrbar bezeichnet werden – dazu gehört beispielsweise der demografische Wandel. Vier Trends werden die Gesellschaften weltweit bis 2020 entscheidend prägen:

- der demografische Wandel,
- Wertewandel und Individualisierung,
- Globalisierung und Mobilität,
- Veränderungen in der Gesellschaftsstruktur.

Diese vier Trends werden in Unternehmensteilen wie Marketing oder Produktentwicklung bereits seit längerem thematisiert und beobachtet – der Einkauf ist bei derlei Zukunftsbetrachtungen häufig aber noch außen vor. Die folgenden Ausführungen sollen helfen, den Fokus verschärft auf Zukunftsbetrachtungen und die Ableitung auf den Einkauf zu lenken, um für kommende Herausforderungen besser gewappnet zu sein. Welche Auswirkungen bezogen auf Mitarbeiter, Organisation und Prozesse werden sich dabei für den Einkauf ergeben?

Der demografische Wandel

Demografische Veränderungen der Gesellschaft beeinflussen weltweit die Diskussionen auf nationaler und internationaler Ebene. Mit der breiten Zunahme von Wohlstand seit Mitte des 20. Jahrhunderts in den industrialisierten Staaten und der Einführung der hormonellen Empfängnisverhütung sinken die Geburtenraten in diesen Ländern. Gleichzeitig setzte sich die umfassende Verfügbarkeit von bedeutenden medizinischen Fortschritten für alle Bürger fort und die Säuglings- bzw. Kindersterblichkeit sank weiter. Entsprechend verringerte sich für Eltern die Notwendigkeit, durch viele Nachkommen ihre eigene Versorgung im Alter abzusichern.

Auch in den so genannten Schwellenländern zeigen sich unabhängig von Religion und Gesellschaftsform gleichartige Entwicklungen. Exemplarisch sei hier auf die Ein-Kind-Politik Chinas und den dramatischen Geburtenrückgang in den Maghreb-Staaten verwiesen. Die Weltbevölkerung altert also rund um den Globus – ein beispielloses Phänomen in der Geschichte der Menschheit.

Die älteren Mitglieder der Gesellschaft leben insgesamt deutlich länger als in allen vorherigen Jahrhunderten. Für Neugeborene ergibt sich eine Steigerung ihrer durchschnittlichen Lebenserwartung um 12 Monate alle 2,5 Jahre. Als langfristiger Trend hat sich damit eine Steigerung der Lebenserwartung um 2,5 Jahre pro Jahrzehnt seit dem 19. Jahrhundert etabliert. Als Ausdruck der steigenden Wahrnehmung der allerältesten Menschen kann man die soziologische Begriffsschöpfung der so genannten »Supercentenarians« verstehen für jene (sehr wenigen) Menschen, die älter als 110 Jahre sind.

Europäer werden immer älter

»Im Jahr 2006 betrug die Lebenserwartung in den EU-27-Ländern 82,0 Jahre für Frauen und 75,8 Jahre für Männer.«

Quelle: Europäische Kommission – Eurostat

Für das Selbstverständnis der älteren Generation ist charakteristisch, dass sie möglichst lange selbstständig und selbstbestimmt leben möchte und sich dabei aktiv an der Gesellschaft beteiligen will. Voraussetzungen dafür bieten die Möglichkeiten der Medizin, die typische Alterserkrankungen therapieren kann. Das steigende Gesundheitsbewusstsein zeigt sich unter anderem im konstanten Wachstum der Gesundheits- und Wellnessbranche. Die Wertschöpfungs- und Beschäftigungspotenziale der Branche dürfen nicht unterschätzt werden: Auch für die Gesundheit gibt es einen Markt. Wie in anderen Wirtschaftsbereichen sind auch hier Unternehmen aktiv, denn es gibt eine zunehmende Nachfrage für ein qualitativ hochwertiges Angebot zu einem angemessenen Preis.

Mit dem demografischen Wandel einer Gesellschaft ändern sich eben auch die Konsumbedürfnisse ihrer Bevölkerung. Für die Kunden, die älter als 50 Jahre sind, haben Werbetreibende weltweit bereits eine ganze Reihe von Bezeichnungen gefunden: seien es »Best Agers«, »Silver Shoppers«, »Generation 50plus« oder gar »Generation Gold«. All diese Namen zielen natürlich auf die Kaufkraft dieser häufig noch unterschätzten Konsumentengruppe ab. Experten schätzen beispielsweise die jährliche Kaufkraft der über 50-Jährigen auf 90 bis 150 Milliarden Euro. Optimistische Schätzungen rechnen sogar mit bis zu 640 Milliarden Euro.

Dabei wird die ältere Generation nicht nur immer kaufkräftiger, sondern auch immer kauffreudiger. Die monatlichen Konsumausgaben der 55- bis 65-Jährigen liegen nach Angaben des Statistischen Bundesamtes in Wiesbaden mit 2.357 Euro über denen des Bevölkerungsdurchschnitts in Höhe von 2.126 Euro und damit nur geringfügig unterhalb der Konsumausgaben der 45- bis 55-Jährigen, die mit 2.494 Euro die höchsten Ausgaben aller Altersklassen aufweisen.

Senioren kaufen gern und gut

Zum Beispiel kaufen 50plus-Kunden mehr als 80 Prozent aller Neuwagen der Top-Automarken, buchen rund 80 Prozent aller Kreuzfahrten und geben für Gesundheitsprodukte 5,6 Milliarden Euro pro Jahr aus. Möbel lassen sie sich 7 Milliarden und Reisen sogar 18 Milliarden Euro pro Jahr kosten. Das entspricht knapp 50 Prozent der Gesamtumsätze in der Reisebranche.

Quelle: afz – Allgemeine Fleischer Zeitung, Nr. 33 vom 13.8.2008, S. 17

Folgen für den Einkauf

Für den Einkauf ist entscheidend, sich frühzeitig auf eine anspruchsvolle und durchaus kritische, vermögende Kundschaft einzustellen, die Produkte einfordert, die an ihre speziellen Bedürfnisse angepasst sind. Das bedeutet keineswegs, dass diese Konsumenten als »besondere« Zielgruppe angesprochen werden wollen – im Gegenteil, die meisten Senioren sehen sich im Mittelpunkt ihres Lebens angekommen und legen besonderen Wert auf Qualität und Leistung. Einzelne Branchen des deutschen Industrie-, Handels- und Dienstleistungssektors profitieren bereits jetzt von dem »Leben im Hier- und Jetzt-Verhalten« der Generation 50plus, dazu gehört beispielsweise die Automobilindustrie. So ist die Hälfte aller Käufer, die ein Modell der A-Klasse von Mercedes erwerben, älter als 50 Jahre, bei Porsche ist jeder Dritte über 50. Bei den Neuwagenkäufen – dem gewinnträchtigsten Absatzmarkt für die Automobilhersteller – wird diese Entwicklung noch deutlicher: Prognosen für Neuwagen gehen davon aus, dass im Jahr 2015 knapp zwei Drittel (58 Prozent) der Käufer von Neuwagen älter als 50 Jahre sein werden.

Automobilhersteller baut auf die Generation 50plus

Ein japanischer Autohersteller bietet eine Rückfahrkamera für den Mittelklassewagen Primera. Sie springt an, sobald der Fahrer den Rückwärtsgang einlegt, und sendet ihr Bild auf ein Display in der Mittelkonsole: einparken, leicht gemacht. In der alternden Gesellschaft müssen sich die Produkte tatsächlich dem Menschen anpassen – der umgekehrte Weg funktioniert nicht mehr.

Quelle: Die ZEIT, Nr. 4 vom 16.1.2003, S. 15

Das Beispiel Rückfahrkamera zeigt deutlich, wie eine bereits vorhandene Technik für neue Nutzungen erschlossen wird – weil ein Automobilhersteller über seine zukünftige Kundengruppe – die Senioren – länger nachgedacht hat und auf ihre Wünsche eingegangen ist. Der Einkauf des Herstellers hat in der Vergangenheit möglicherweise noch keine Berührungspunkte mit Videotechnik gehabt und muss sich somit mit einer neuen Warengruppe befassen, da Kameras bislang nicht im Portfolio eines

Mittelklassewagenherstellers lagen. Um alle technischen Möglichkeiten kostengünstig auszuschöpfen, müssen die Entwicklungsabteilung und der Einkauf also eng zusammenarbeiten.

Konsumgüterhersteller im weitesten Sinne werden in Zukunft auf seniorengerechte Gestaltung und Bedienungsanleitungen achten müssen, wollen sie diese wichtige Zielgruppe nicht vor den Kopf stoßen. Neue Produkte mit Mehrwert werden speziell für Senioren entwickelt werden – vorhandene Produktpaletten müssen an die Wünsche der Kunden angepasst und aufgewertet werden. So wird in Zukunft beispielsweise der Kraftaufwand zur Verpackungsöffnung von großer Bedeutung sein – wissenschaftlichen Angaben nach sollte er 0,6 Newtonmeter, also etwa ein Kilogramm, nicht überschreiten. Tatsächlich beträgt er oft das Fünffache – das ist für ältere Menschen kaum zu schaffen. Sind Kunden mit der Verpackungsöffnung unzufrieden, reagieren sie ganz einfach: mit Kaufverweigerung; das haben die wissenschaftlichen Studien ebenfalls bewiesen. (Quelle: Befragung zum Thema Verpackungen, Dezember 2003; BAGSO Bundesarbeitsgemeinschaft der Senioren-Organisationen e.V.)

Das Beispiel der Verpackungsöffnung zeigt deutlich, welche Konsequenzen eine Zukunftsbetrachtung angesichts der geänderten Kundenstruktur haben kann:

- Verpackungsmaterial muss möglicherweise verbessert werden (von Papier/Pappe zu Verbundstoffen beispielsweise).
- Möglicherweise kann das Verpackungsmaterial gar nicht grundlegend besser werden und daher müssen völlig neuartige Materialien eingesetzt werden – der Einkauf muss sich also mit vielen möglichen Neuentwicklungen auseinandersetzen. Exemplarisch müsste sich also ein Papier-Einkäufer in die vielfältige Warengruppe der Kunststoffe neu einarbeiten.
- Der Einkauf muss ständig up-to-date sein, welche weiteren Anforderungen an die Nutzung der Kunde von morgen stellen könnte – und sich beispielsweise auf die Suche nach Lieferanten mit zertifizierten Verpackungslösungen begeben.

Wertewandel und Individualisierung

Für die Änderung der Wertvorstellungen stellen die Betonung der Individualität und die ökologische Nachhaltigkeit zwei wesentliche Triebfedern dar. Der Einzelne bezieht sich stark auf sich selbst und seine eigene Freiheit, nimmt dennoch gleichzeitig an wichtigen Entwicklungen weltweit teil. Der Spagat zwischen Egozentrik und globaler Verantwortung ist sehr spannungsgeladen und führt zu einer wesentlich dynamischeren Entwicklung der Wertvorstellungen als in der Vergangenheit. Mehr Individualismus führt zwangsläufig auch zu einer Pluralität der Lebensformen: Die Gesellschaft wird bunter und heterogener.

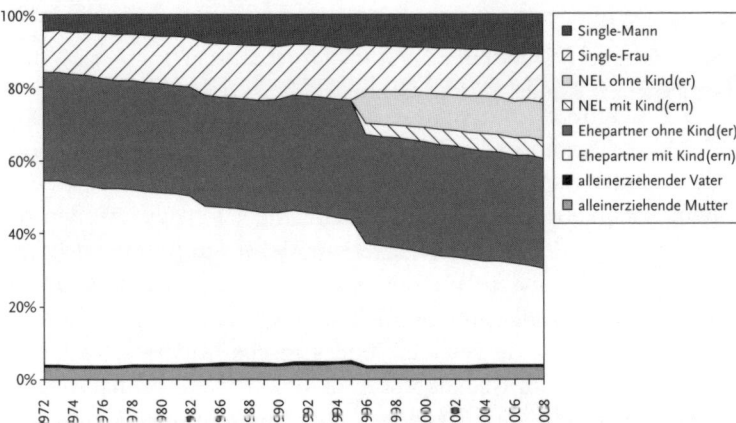

Abb. 3: Lebensformen 1972–2008
Quelle: Statistisches Bundesamt

Immer mehr, immer bunter, immer informeller: In diesen Dreiklang lässt sich die gesellschaftliche Entwicklung zusammenfassen. Mit dem starken Anwachsen der Singlehaushalte existieren zwischen den einzelnen Gemeinschaften nur wenige starke, dafür viele lose Bindungen. Gleichzeitig entwickelt sich aber auch eine Gegenbewegung zur zunehmenden Individualisierung. Gerade bei Jugendlichen findet sich ein neuer Wertekonservatismus, der Werte wie Familie, Freundschaft, Verlässlichkeit, Fleiß und Ehrgeiz eine wichtige Rolle einnehmen lässt. Diese Gegenströmung bestätigt aber nur die Grundtendenz: Das Leben in der Gesellschaft wird bunter.

Die Zukunft der Familie

»Die Familie ist durch Leistungs- und Ich-Orientierung gefährdet. Viele sehen die Gründung und den Erhalt einer Familie heute als Kraftakt: Es gilt die Balance zwischen Geldverdienen, Elterndasein und Ehepartnerrolle zu meistern. Im Streben nach Selbstverwirklichung wird [...] zu oft der Weg der Scheidung gewählt. Gleichzeitig muss der Nachwuchs auf die Herausforderungen des Lebens vorbereitet und die dafür angemessene Bildung und Förderung organisiert und finanziert werden.«

Quelle: Trendbüro Werte-Index 2009, S. 31; Peter Wippermann, Maria Angerer; Trendbüro Beratungsunternehmen für gesellschaftlichen Wandel JK.PW. GmbH

Ein zweiter Aspekt tritt zu der zunehmenden Individualisierung hinzu: Nachhaltigkeit und damit nachhaltiger Konsum werden für eine immer größer werdende Zahl von Menschen immer wichtiger – das gilt insbesondere für die Industrieländer, aber zunehmend auch für die Bevölkerung in den Schwellenländern. Schließlich wächst auch dort eine gebildete und kritische Mittelschicht heran, die sich zunehmend Gedanken um die Endlichkeit von natürlichen Ressourcen macht – und zudem unter einem erheblich stärkeren Bevölkerungsdruck leben muss, als dies in Industrienationen der Fall ist.

Von der Öko-Nische zum Mainstream: LOHAS

LOHAS – das ist die Abkürzung von Lifestyle of Health and Sustainability und beschreibt Menschen, die Genuss und Verantwortung miteinander verbinden wollen. Diese Einstellung prägt auch ihr Konsumverhalten, indem sie durch gezielte Produktauswahl Gesundheit und Nachhaltigkeit fördern wollen. Personen, die diesen Lebensstil wählen, verfügen häufig über ein überdurchschnittliches Einkommen und sind daher als Zielgruppe beispielsweise für die Handels- und Konsumgüterindustrie begehrt. Kritiker des Begriffs LOHAS sehen daher in dem bewussten Verknüpfen von oft hochwertigem Konsum mit Nachhaltigkeit den Versuch, dem Konsumverhalten ein neues und trendiges Image zu geben. Fürsprecher der Bewegung wiederum glauben, durch den bewussten Konsum und Verzicht Druck auf die Industrie ausüben zu können. In den USA gelten bereits 30 Prozent der Konsumenten als Anhänger von LOHAS.

Konsumenten verlangen heute von den Herstellern ihrer Güter ein hohes Maß an gesellschaftlicher Verantwortung: In einer Umfrage im Auftrag des Bundesverbandes der Verbraucherzentralen in Berlin zur gesellschaftlichen Verantwortung des Einzelhandels hat das Institut für Markt-Umwelt-Gesellschaft e.V. der Leibniz Universität Hannover im Jahr 2008 herausgefunden, dass Konsumenten eine sehr explizite Erwartung in Bezug auf unternehmerische Verantwortung formulieren können. Aspekte des Sozialen, wie keine Kinderarbeit oder wie Umweltthemen, z. B. Reinhaltung von Luft, Böden und Gewässern, gehören für Verbraucher heute selbstverständlich zum nachhaltigen Wirtschaften von Unternehmen – und sie erwarten auch entsprechende Produkte.

Folgen für den Einkauf

Was bedeuten diese beiden Aspekte nun für den Einkauf der Zukunft, der seiner gesellschaftlichen Rolle entsprechen will? Egal, welche Beschaffungsquellen er in Zukunft generieren wird – er wird auf nachhaltiges und verantwortungsvolles Wirtschaften achten müssen. Denn nur so wird er sich wertvolle Wettbewerbs- und Imagevorteile im Kampf um die Gunst des Kunden sichern können – beispielsweise durch Ökozertifizierungen, Fair-Trade-Zertifizierungen oder eines der anderen, von unabhängiger Seite initiierten Zertifizierungslabel. Und diese hohen Ansprüche an Produkte und Produktionswege wird der Einkauf der Zukunft sicherstellen müssen – egal von welchen Flecken der Weltkarte er seine Rohstoffe oder Vorprodukte beschaffen muss. Im Einzelfall kann die erhöhte Corporate Social Responsibility auch höhere Produktionskosten zur Folge haben.

Auch die Individualisierung der Gesellschaft hat Konsequenzen für den Einkauf des Jahres 2020. Sie führt nicht nur zur gesellschaftlichen, sondern auch zur realen Aufsplitterung von Märkten: weg vom Massen- hin zum Mikromarkt. Neue Vermarktungsmöglichkeiten werden sich für Nischenprodukte entwickeln, die Produktion wird sich weg vom Massengut hin zu vielen individuellen Produkten in kleiner Stückzahl entwickeln. Und diese kleinteilige Güterentwicklung wird wiederum für den Einkauf große Folgen haben: Die Anzahl der verschiedenen Verkaufsartikel steigt und damit der Aufwand für den Einkauf, mehr Artikel in Kleinserien zu beschaffen. Und das hat wiederum Einfluss auf die Logistik – eine viel höhere Anzahl von Kauf- und Verkaufsartikeln muss eingepackt, transportiert und verteilt werden.

Diese Veränderungen lassen sich an einem Praxisbeispiel eines Unternehmens der Nahrungsmittelindustrie belegen. Dieses steigerte seinen Umsatz mit Endverbraucherprodukten in den letzten Jahren um 40 Prozent. Parallel dazu wuchsen die Verpackungsartikel aber um stolze 100 Prozent. Zurückgeführt werden konnte diese Verdopplung auf zwei wesentliche Trends:

- schnellere Produktzyklen der Verpackungen,
- kleinere Artikel- und/oder Verpackungschargen.

Als eine Konsequenz daraus musste sich das Unternehmen mit einem deutlich aufwändigeren Bestandsmanagement auseinandersetzen. Wesentlich kleinere Chargen und ein Vielfaches an verschiedenen Artikeln müssen nun im Bestand geführt und verfolgt werden. Gleichzeitig geht damit aber auch ein umfangreicheres Warengruppenmanagement einher. Die Umsatzsteigerung und der erhöhte Managementaufwand konnten nur durch eine engere Abstimmung mit den (Verpackungs-)Lieferanten bewältigt werden. Insbesondere von den Herstellern der Verpackungen wurden deutlich schnellere und flexiblere Reaktionen erwartet. Für diese bedeutete, als Folge der verkürzten Produktzyklen, die Beschleunigung der Umstellungszeiten einen erheblichen Reorganisationsaufwand.

Ein Beispiel aus der Nahrungsmittelindustrie

100 Prozent nachhaltige Produktion bis zum Jahr 2020

Der Schokoriegelhersteller Mars will innerhalb von zehn Jahren nur noch nachhaltig angebauten Kakao verarbeiten. Bis 2020 wolle Mars eine Liefermenge von 100.000 Tonnen jährlich erreichen, teilte das Unternehmen mit.

Quelle: Mars, Inc. McLean, VA; Presseerklärung 21.7.2009:

Dieses Beispiel zeigt, wie wichtig nachhaltig und/oder biologisch zertifizierte Rohstoffe für die Beschaffung in der Nahrungsmittelindustrie der kommenden Jahre werden. Bereits heute müssen sich die Einkäufer des obigen Herstellers Gedanken machen:

- Wie viel der geforderten 100.000 t nachhaltig erzeugten Kakaos sind bereits heute vorrätig?
- Wollen sie sich an der Entwicklung nachhaltiger Produzenten/ Produktionsflächen/Erzeugnisse beteiligen?
- Wer kontrolliert die Nachhaltigkeit der eingekauften Bestandteile?
- Welche Bestandteile oder Nebenprodukte müssen ebenfalls nachhaltig produziert werden?
- Wie schnell kann die Produktion gesteigert werden?
- Wer kann alternativ liefern?
- Beteiligung/Bewertung/Unterstützung bei der Entwicklung eines Zertifikats oder Siegels?

Globalisierung und Mobilität

Mit der wirtschaftlichen Globalisierung verringern sich die Abschottungsmöglichkeiten von Gesellschaften, so dass auch einzelne Mitglieder und die Gesellschaft insgesamt Änderungen unterliegen. Die lokale Verwurzelung weicht durch internationale Hierarchien und Arbeitskulturen auf. Die physische Mobilität verstärkt die mentale Flexibilität – das kann dazu führen, dass Lebensläufe dynamischer werden und das Traditionsbewusstsein gleichzeitig abnimmt.

Gegentrend Glokalisierung

Darunter versteht man den Trend zur regionalen Verdichtung durch internationale Entwicklung. In einer immer mehr internationalen Welt beziehen sich die Menschen auf ihre lokalen Wurzeln. Die Identifikation mit der jeweiligen Region bedeutet Sicherheit und ein Wir-Gefühl. Derartige Auswirkungen auf Regionen sind nicht durch Staatsgrenzen beschränkt. So können die Vorteile für Regionen aus einem großen grenzüberschreitenden Angebot an qualifizierten Fachkräften resultieren. Dabei entstehen, ähnlich wie in Entwicklungs- und Schwellenländern, Metropolen mit wachstumsfördernder Eigendynamik.

Quelle: www.wirtschaftslexikon24.net

Die Folgen dieser Entwicklung sind vielfältig: Kulturen und Ethnien vermischen sich immer mehr, es entstehen Patchwork-Gesellschaften, die aus vielen Völkern unterschiedlichster Herkunft zusammengesetzt sind. Das macht das Zusammenleben nicht immer einfacher. Denn zusätzlich zu dem großen Miteinander werden auch immer mehr Besucher auf Zeit die unterschiedlichsten Winkel der Welt besuchen – auch der globale Tourismus nimmt weiter zu. Alle Prognosen deuten darauf hin, dass die Zahl chinesischer Touristen in den kommenden Jahren rasant wachsen wird. Im Jahr 2020 sollen bereits 115 Millionen Chinesen rund um den Globus unterwegs sein, das ist viermal so viel wie heute.

Folgen für den Einkauf

Für die Wirtschaft und damit für den Einkauf bedeutet die Globalisierung auf der einen Seite eine immer stärkere Auswahl an Sourcingquellen, also Möglichkeiten, global Rohstoffe und Vorprodukte zu beziehen. Auf der anderen Seite werden diese vielfältigen Lieferbeziehungen immer unüberschaubarer und schwieriger zu kontrollieren – sei es im Hinblick auf Qualität und Kosten, aber auch bei Fragen der Nachhaltigkeit und der sozialen sowie ökologischen Verantwortung werden Kontrollsysteme immer komplexer. Das kann zum Teil dazu führen, dass einmal ausgegliederte Produktionslinien, Tätigkeiten und Dienstleistungen wieder zurückverlagert

werden müssen. Denn auch in den so genannten Billiglohnländern
steigen die Gehälter: Das hat bereits dazu geführt, dass vom logistisch günstigen Bereich an Chinas Küsten immer mehr Unternehmen ins Hinterland abwandern oder gleich nach Vietnam, weil
dort die Löhne noch günstiger sind.

Auch Backsourcing ist en vogue

»In den vergangenen Jahren outgesourcte Jobs kehren teilweise zurück, denn es wird wieder lukrativer, im Inland zu produzieren. Zudem stellen sich die Transaktionskosten als immer pro-
blematischer heraus: Je komplexer die Produkte werden, desto
schwieriger wird es, die Qualität auch in China zu sichern. Die
Löhne in China und Indien steigen kräftig. Damit wird es immer
unlukrativer, riesige Mengen von Billigprodukten gegen komplexe Produkte zu handeln.«

Quelle: EURO am Sonntag 52/2008, S.18-19, Carl Batisweiler

Die Lieferkette wird sich noch in weiteren Aspekten ändern: Lieferanten werden mit anderen Verträgen ans Unternehmen gebunden.
Von ihnen wird trotz geringerer Detailtiefe in der Spezifikation
erwartet, dass sie kleinere Chargen liefern – und das reibungslos in
möglichst kurzer Zeit. Für den Einkauf ergibt sich daraus die Aufgabe, neue Instrumente und Prozesse zu etablieren, die die schnelle-
ren Veränderungen abbilden und absichern. Beispielsweise müssen
die Abrechnungsmodelle angepasst werden, und auch die Eskalati-
onsprozesse erfordern eine weitere Beschleunigung.

Ein aufwändigeres Beschaffungscontrolling wird die Folge sein,
denn mehr Details – beispielsweise hinsichtlich Qualitätsfaktoren
oder Artikelvielfalt – werden überprüft werden müssen. Zunehmend
werden Teilleistungen extern eingekauft werden, was wiederum zu
mehr und komplexeren Beschaffungsprozessen und Lieferanten-
portfolios führt. Für den Einkauf ergibt sich daraus eine Entwick-
lungsanforderung in Richtung Projektmanagement: Wie sind die
Projektmanagementfähigkeiten in der Einkaufsabteilung entwickelt?
Welches Entwicklungspotenzial gibt es heute, wie kann es ausgebaut
werden und welche Ressourcen sind dafür erforderlich? Kann die

aktuelle Organisationsform diesen Entwicklungsprozess unterstützen oder sind Anpassungen notwendig?

Doch nicht nur die Lieferketten ändern sich – die Vielgestaltigkeit der nachfragenden Kunden verkürzt auch die Produktlebenszeiten. Produkte werden immer individueller und müssen Gestalt und Design immer schneller wechseln, um einer so heterogenen Nachfrage gerecht zu werden. Produktlebenszyklen müssen ständig up-to-date gebracht werden – eventuell mit der Konsequenz, Neuentwicklungen in immer schnellerer Abfolge auf den Markt zu bringen. Zudem wollen Kunden ihre Produkte überall auf der Welt verfügbar haben – egal wo sie sich gerade aufhalten. Das wird Folgen für die Verteilung der eigenen Artikel haben – immer feingliedriger wird das Verteilungsnetz werden müssen, was bedeutet, dass der Koordinationsaufwand für den Einkauf erheblich steigen wird. Für die globale Verteilung der eigenen Erzeugnisse benötigt man auch entsprechende Kapazitäten. Der Einkäufer für Logistik muss aufwändigere und anspruchsvollere Leistungen weltweit beschaffen. Durch den globalen Transport und die langen Lieferketten mit einer Feindistribution vor Ort entwickeln sich mehr Vertragspartner mit einem höheren Abstimmungs- und Koordinierungsbedarf. Zusätzlich muss das Bestandsmanagement global viele dezentrale Lagerorte und Währungsrisiken bewältigen.

Mit dem fortschreitenden Auslandsgeschäft ergibt sich für das Unternehmen die Fragestellung nach einer Produktion direkt vor Ort. Folglich muss sich die Einkaufsabteilung mit der lokalen Beschaffung von z.b. Rohstoffen und Lohnfertigung auseinandersetzen. Dies erfordert die Einarbeitung in neue, entfernte Märkte und die Etablierung neuer Warengruppen. Im typischen Ablauf einer globalen Expansion ergeben sich dabei für den Einkauf jeweils neue, unterschiedliche Aufgabenstellungen in den verschiedenen Entwicklungsphasen:

1. Vertrieb/Service, Logistik, Lagerhaltung
2. Vorprodukte, Lohnabfüllung
3. Verpackung, Rohstoffe, Lohnfertigung
4. Joint Venture

Die globale Expansion mit einer anschließend zunehmenden Zusammenarbeit mit lokalen Partnern ist keine Einbahnstraße. Denn die Partner wollen auch den Rückweg über die Geschäftspartner für den eigenen Produktvertrieb nutzen. Daher wird der Einkauf letztlich in größerem Umfang als bisher Fertig- und Handelswaren statt Rohstoffen und Vorprodukten einkaufen. Mit der Einarbeitung in diese neuen Märkte, Branchen und Vertriebswege muss z. B. auf viel geringere Preisspannen, Zollschranken, Zertifizierungen und Endverbraucher als Kunden reagiert werden. Wie steht es um die interkulturelle Kompetenz der Einkaufsmitarbeiter? Welche Sprachen sind notwendig und welche davon verhandlungssicher? Reicht Sprachtraining dafür aus oder braucht die Einkaufsabteilung entsprechende Muttersprachler?

Mit der globalen Verfügbarkeit der eigenen Produkte entstehen nicht nur einfach weitere und längere Transportwege, sondern auch die Produkteigenschaften müssen überprüft werden. An die Verpackungsmaterialien müssen seitens der Einkäufer wesentlich umfangreichere Bedingungen gestellt werden: Wird die mechanische Belastbarkeit durch andere klimatische Bedingungen beeinträchtigt? Ist die Dichtheit z.B. gegenüber Wasser oder Ungezieferbekämpfung gegeben? Sind die Liefereinheiten flugtauglich und für eine reibungslose Zoll- und Grenzabfertigung geeignet? Entspricht die Verfolgbarkeit und Transparenz in der Lieferkette den heutigen und zukünftigen Anforderungen?

Auch die Einkaufsabteilung selbst muss mit der weltweiten Geschäftsausdehnung Schritt halten. Als Kernfrage ergibt sich daraus die Abwägung zwischen dezentral und zentral: Ist ein Zentraleinkauf unter globalen Gesichtspunkten überhaupt möglich bzw. realistisch? In welchem Umfang sind lokale Einkaufsmitarbeiter vor Ort notwendig? Welche Fachkräfte sind zentral und dezentral erforderlich und überhaupt verfügbar? Wie muss eine globale Einkaufsorganisation strukturiert sein und wie lässt sich das notwendige Wissen und Können dafür aufbauen?

Ein Beispiel aus der Nahrungsmittelindustrie soll die vielfältigen Fragestellungen an den Einkauf illustrieren. Die Neuentwicklung einer Schokoladenrohmasse mit einer um 2 °C höheren Temperaturfestigkeit hat unter anderem Einfluss auf die Transportanforderungen: Kann man den Umfang oder die Ansprüche an die Kühllogistik

verringern? Können durch die höhere Eigenstabilität längere Lieferzeiten akzeptiert werden und damit mehr Expresslieferungen eingespart werden? Möglicherweise können durch die bessere Wärmesta-
bilität auch völlig neue Länder oder Regionen beliefert werden. Der
Einkauf müsste sich dann im Beispiel mit neuen Märkten, Partnern,
Logistikdienstleistern, gesetzlichen Anforderungen und Zollschranken auseinandersetzen.

Veränderungen der Gesellschaftsstruktur

Nach dem Ende des heißen und kalten Wettstreits der Gesell-
schaftssysteme im 20. Jahrhundert unterliegt die Gesellschaftsstruktur heute weniger ideologischen Zwängen und wird dadurch vielfältiger. Die ideologische Färbung der Konflikte zwischen den Gesell-
schaftsklassen verringert sich, ohne dass die Auseinandersetzung
zwischen Arm und Reich verschwindet. Das bedeutet zwar, dass die
ideologische Färbung von »Klassenkonflikten« im Sinne einer Auseinandersetzung von Arbeitern und Angestellten auf der einen Seite
und Unternehmern und Führungskräften auf der anderen Seite
schwindet. Die Kluft zwischen Arm und Reich ist damit jedoch kei-
nesfalls behoben. Die Schichtung der Klassen wird unverändert
bestehen und sich eher verfestigen.

Weltweit treten andere, fremde Gesellschaftsstrukturen mit den
westlichen Gesellschaften in Konkurrenz: Kastensysteme wie in
Indien und Kollektive wie in der Volksrepublik China nehmen
bereits heute am internationalen Wettbewerb teil und werden ihn
weiter prägen.

Dabei darf aber nicht vergessen werden, dass sich die Gesellschaft
in sich gleichwohl stark verändert hat. So nehmen immer mehr
Frauen am Erwerbsleben teil. An deutschen Universitäten sind
bereits mehr als die Hälfte der Studierenden weiblichen
Geschlechts. Weltweit arbeiten mehr als 40 Prozent aller Frauen, bis
zum Jahr 2020 wird ein Anstieg auf 45 bis 50 Prozent erwartet.
Frauen treten aber nicht nur zunehmend selbstbewusst in die
Arbeitswelt ein, sondern prägen als Konsumentinnen schon ganze
Produktlinien. Zu denken ist hier nicht nur an klassisch weibliche
Produkte wie Kosmetika, sondern auch an Personenkraftfahrzeuge,
die gezielt für weibliche Käufer entwickelt werden.

Frauen treffen die Kaufentscheidung im Haushalt

»Von der Gesamtkaufkraft einer Bevölkerung werden Kaufentscheidungen zu 79,2 Prozent von Frauen bestimmt. [...] Da ist die Automarke Jaguar. Jaguar verkauft diverse ihrer Typen überwiegend an Frauen, weil das Design sie sehr stark anspricht. Diesen lohnenswerten Gestaltungs-Bonus unterstützt Jaguar durch eine dezidierte Betreuung hinsichtlich des Service und der Beratung. [...] Da ist Harley-Davidson: [...] Mit bequemeren Sitzen, griffigeren Lenkern und leichter im Gleichgewicht zu haltenden Modellen will der legendäre US-Motorradhersteller Harley-Davidson noch mehr Frauen anlocken.«

Quelle: FRIDA Magazin 2005: »Marktmacht Frauen«

Und noch ein Trend prägt weltweit die Struktur von gesellschaftlichen Beziehungen: die zunehmende Urbanisierung. Nach Angaben der Bundesregierung anlässlich des Weltsiedlungstages am 6. Oktober 2008 lebten in jenem Jahr mit 3,3 Milliarden Menschen erstmals mehr Menschen in Städten als auf dem Land. Theoretisch bieten die Städte als Zentren wirtschaftlicher Dynamik und Innovation Arbeitsplätze, Einkommen und Grundversorgung mit öffentlichen Dienstleistungen für ihre Einwohner. Doch die schiere Anzahl von Menschen gerade in Entwicklungsländern könnte dafür sorgen, dass Städte zukünftig diesen Aufgaben nicht mehr nachkommen können. Auf der anderen Seite passt die Assoziation vom Land mit bäuerlicher Lebensweise heute auf weite Teile der Welt nicht mehr. Auf dem Land sind Lebensmittelproduzenten inzwischen größtenteils Industriebetriebe und die Lebensweise passt sich entsprechend an. Die Urbanisierung trifft also alle Teile der Gesellschaft – nicht nur in der Stadt.

Folgen für den Einkauf

Für den Einkauf haben die weltweite Urbanisierung, der zunehmende Frauenanteil in der Wirtschaft und die Veränderungen in der Klassengesellschaft entsprechende Folgen. Mit der zunehmenden Erwerbstätigkeit von Frauen werden immer mehr Betreuungs-Dienstleistungen nachgefragt werden, sei es für Kinder oder für im

Haushalt lebende Großeltern. Haushaltsnahe Servicedienstleistungen werden infolge der Berufstätigkeit von Müttern wie Vätern stärker nachgefragt werden und mit ihnen werden sich die Anforderungen an Produkte und Dienstleistungen ändern.

Dies soll am Beispiel eines Herstellers sehr hochwertiger Unterhaltungselektronik beleuchtet werden. Mit der Expansion über den Aufbau von eigenen Outlet-Centern verändert sich die Logistik dramatisch. Durch die eigenen Geschäfte werden nun, anders als früher, nicht mehr nur Großhändler, sondern zusätzlich auch Endkunden beliefert. Neben dem großvolumigen Absatz über Großabnehmer muss auch eine weiträumigere, kleinteilige Logistik zu den Endkunden eingekauft werden. Hier gibt es große Überschneidungen mit den Trends der demografischen Alterung und der zunehmenden Individualisierung.

Mit der Konzentration auf die kaufkräftige Kundschaft wird ein Ausbau der Serviceleistungen erforderlich. Es werden mehr und weiträumiger Subdienstleister für die kundennahe Serviceerbringung benötigt. Dies bildete in der Vergangenheit keinen Schwerpunkt, da dieses über die Groß- und Einzelhändler organisiert wurde. Der Einkauf muss in diesem Themenfeld nun folgende Fragen beantworten: Wer kann den Kundenservice überhaupt leisten? Wie lässt sich die Qualität definieren, messen, kontrollieren – sind SLAs geeignet?

Zwei Seiten einer Medaille

»Wie in anderen Konsumbranchen auch, kauft die Kundschaft immer stärker entweder ganz billig oder sehr teuer: also entweder den Fusel aus dem Discounter-Schnapsregal oder prestigeträchtige Mini-Edelmarken [...], deren Einstiegspreise bei 40 Euro und mehr je Flasche liegen. Der Trend zum Luxus hat den schottischen Brennereien vergangenes Jahr trotz weltweiter Wirtschaftskrise ein Umsatzplus von 8 Prozent auf das Rekordniveau von mehr als 3 Milliarden Pfund eingebracht. Und dies, obwohl die Exporte mengenmäßig gesunken sind.«

Quelle: FAZ 150/2009 vom 2. Juli 2009, S. 15

Auf der anderen Seite wird ein Teil der Gesellschaft sich viele Dienstleistungen und Produkte nicht mehr oder nur noch zu geringeren Preisen leisten können – der Siegeszug des Discountformats könnte also in die nächste Runde gehen. Diese Polarisierung der Märkte wird den Einkauf stark beeinflussen. Da sind auf der einen Seite qualitätsbewusste Nachfrager, auf der anderen Seite Kunden, die nur auf den Preis achten.

Für den Einkauf eines Unternehmens, das beide Enden der Skala versorgen will, kann das bedeuten, dass er gleichartige Rohstoffe, Vorprodukte oder Verpackungen unterschiedlichster Qualität und Herkunft gleichzeitig beschaffen muss – was ein erhebliches Mehr an Lieferanten, Logistik, Komplexität bei Beschaffungscontrolling und Warenmanagement zur Folge haben wird.

Beschaffungsstrukturen müssen diesen unterschiedlichen Anforderungen gerecht und entsprechend angepasst werden. Transport- und Distributionssysteme werden noch vielfältiger und kleinteiliger arbeiten müssen, um den unterschiedlichen Anforderungen zu entsprechen. Während im ländlichen Raum die Bedeutung des Versandhandels, sei es aus dem Katalog oder via Internet, zunimmt, könnte die Entwicklung in den Ballungsgebieten anders verlaufen. Dort könnten eine zunehmend ältere Bevölkerung und die vielen Single-Haushalte eher kleinere Outlets und Nachbarschaftsläden für den täglichen Einkauf bevorzugen.

Fazit

Gesellschaftliche Strukturen werden weltweit heterogener und unübersichtlicher, somit auch schwerer zu durchdringen. Ein immer höherer Anteil von älteren und alten Menschen weltweit, die zunehmende Individualisierung in den verschiedensten Kulturen rund um den Globus, die globale Verflechtung von Wirtschaft und Gesellschaft sowie die wachsende Partizipation von Frauen am Erwerbs- und gesellschaftlichen Leben lassen ein buntes Mosaik an Anforderungen entstehen, dem sich sowohl weltweit operierende Konzerne als auch mittelständische Unternehmen stellen müssen. Dem Einkauf fällt dabei eine zentrale Rolle zu: Er muss immer mehr Ansprüchen an sein Handeln gleichzeitig gerecht werden, muss überall auf der Welt nach den gleich hohen Standards wie im Heimatland Beschaffungsquellen erschließen und dabei darauf achten, dass er Rohstoffe und Vorprodukte kostengünstig beschafft, um Wettbewerbsvorteile für das Unternehmen zu sichern. Parallel muss er auf grundlegende ökologische, soziale und ethische Standards achten, die nirgendwo auf der Welt und egal bei welchem Zulieferer unterlaufen werden sollten. Alles in allem wird der Einkauf in den kommenden Jahren auf noch erheblich mehr Faktoren Rücksicht nehmen müssen, als das bisher schon der Fall war.

Die dargestellten Trends in der Gesellschaft liegen in vielen Unternehmen im Fokus der Geschäftsentwicklung – selten wird dabei aber der Einkauf einbezogen. Eine engere Verzahnung mit dem strategischen Marketing, der Produktentwicklung und dem Vertrieb ist für den zukünftigen Geschäftserfolg unumgänglich. Die Einkaufsabteilung kann sich so längerfristig vorbereiten und damit die zukünftigen Beschaffungsanforderungen optimal erfüllen. Der Einkäufer muss einen proaktiven Einfluss gewinnen, um zu agieren statt nur zu reagieren. Die viel dynamischeren Änderungen der Anforderungen und des zu beschaffenden Spektrums bedingen eine dynamischere und globalere Aufstellung des Einkaufs, der sich zunehmend mehr in Richtung eines (weltweiten) Projektmanagements entwickeln wird.

Die Zukunftskategorie Märkte und Politik – marktwirtschaftliche und politische Entwicklungen im Einkauf vorhersehen

Einkäufer sind im Unternehmen eine Art Frühwarnsystem, wenn es um die Auswirkungen politischer oder marktwirtschaftlicher Entwicklungen in einem Unternehmen geht. Schließlich spielen Versorgungssicherheit mit Rohstoffen und Vorprodukten, aber auch regulative Rahmen wie Protektionismus oder Handelsbarrieren eine eminent wichtige Rolle bei den Entscheidungen im Einkauf. In Zukunft wird es noch wichtiger werden, einen Schritt vor dem Wettbewerber zu sein, um sich knappe Rohstoffe zu sichern und bei drohenden Veränderungen flexibel reagieren zu können. Nur der Einkauf, der zukunftsorientiert die richtigen Schlüsse aus den Entscheidungen von Politik und den Märkten zieht, kann sich und das eigene Unternehmen im immer stärker werdenden Wettbewerb positionieren und schon heute die Weichen für ein erfolgreiches Handeln in der Zukunft stellen.

Während seines Wahlkampfs war der heutige US-Präsident Barack Obama im Internet regelrecht omnipräsent. Sein Webauftritt war vorbildlich: kontinuierliche Aktualisierungen, Videos und Auftritte des Präsidentschaftskandidaten, die mit einem Mausklick aktiviert werden konnten. All das machte aus der Internetseite eine Plattform, von der aus US-Bürger ihren Favoriten unterstützen konnten. Sei es als freiwillige Wahlhelfer oder mit Spenden – sogar die Registrierung für die Wahl war auf der Obama-Seite möglich. Die Online-Kampagne nutzte außerdem bereits bestehende virtuelle Netzwerke, denn deren Mitglieder wurden durch eine entsprechende Verlinkung direkt auf den Internetauftritt des Präsidentschaftskandidaten aufmerksam gemacht.

Selten hat ein Wahlkampf die Menschen weltweit so fasziniert wie die Wahl des 44. US-Präsidenten. Ob auch in Zukunft alle Blicke in die USA gerichtet sein werden, ist fraglich. Zwar ist die USA immer noch die unbestrittene Führungsmacht in der Welt. Doch ihre Dominanz beginnt langsam, aber unerbittlich zu bröckeln. Andere Handels- und Machtzentren treten an die Seite von Washington: Seien es Peking, Moskau oder Neu Delhi – auch hier wird Welt- und Wirtschaftspolitik gemacht. Und die neuen Teilnehmer am Welthandel fordern selbstbewusst ihren Machtanspruch ein.

Die Entwicklung einer multipolaren Welt

Die Gründe für den Aufstieg der neuen Global Player sind vielfältig. Der globale Handel wurde schwerpunktmäßig durch drei Trends forciert: die neuen Informationstechnologien, mit deren Hilfe Informationen und Dienstleistungen in Sekundenschnelle rund um den Globus gelenkt werden können, die multinationalen Konzerne sowie durch die Öffnung der Märkte von Staaten wie China und Indien, die in den vergangenen Jahrzehnten hermetisch abgeriegelt waren und nun sowohl als Handelsplatz, aber auch als Produktionsstandort zur Verfügung stehen. So gehen Experten davon aus, dass 2025 auf Südasien 38 Prozent der Wertschöpfung der Welt entfallen werden. China wird zum gleichen Zeitpunkt das Exportland Nummer eins sein. Die Prognosen sehen weiterhin vor, dass der anhaltende Globalisierungsprozess noch einen Schritt weiter geht und einen qualitativen Wandel bewirkt. Der Wettbewerbsvorteil der asiatischen Volkswirtschaften wird sich 2020 nicht mehr auf die Erzeugung von Gütern mit billigen Arbeitskräften und ausreichend verfügbaren Rohstoffen beschränken. Die Globalisierung könnte rasch höhere Stufen der Wertschöpfungsleiter erfassen, beispielsweise den Dienstleistungssektor, der bisher weitgehend ausgeschlossen war. Dazu gehören zum Beispiel die Bereiche Medizin, Datenverarbeitung und Software-Entwicklung. Die Folge der Revolution auf dem Gebiet der Kommunikationstechnik, die Entfernungen zusammenschrumpfen lässt: Die asiatische Konkurrenz wird sich im Jahr 2025 bis in den letzten Winkel der Wertschöpfungskette bemerkbar machen.

Die Geschichte wiederholt sich

Wachstumsprognosen für die BRIC-Staaten (Brasilien, Russland, Indien, China) indizieren, dass diese zusammen in den Jahren 2040 bis 2050 den gleichen Anteil am globalen Bruttoinlandsprodukt erreichen werden wie die ursprünglichen G7-Staaten. Allein China und Indien dürften 2060 etwa 50 Prozent des Weltbruttoinlandsproduktes auf sich vereinen – zum zweiten Mal. Denn das erste Mal gelang diese kapitale Leistung den beiden Staaten bereits im Jahr 1820.

Durch den Erfolg der Schwellenländer verändert sich das ursprüngliche Gleichgewicht zwischen den Nationen, denn mit der neuen wirtschaftlichen Stärke wächst auch das politische Selbstbewusstsein dieser Staaten. Das Besondere: Die Entwicklung wird sich nicht auf die so genannten BRIC-Staaten, also Brasilien, Russland, Indien und China, beschränken, weitere regionale Machtzentren könnten sich beispielsweise im Mittleren Osten und in Ostasien entwickeln. Statt einer unipolaren Welt mit den USA als dominierendem Machtzentrum wird es zukünftig mit hoher Wahrscheinlichkeit eine multipolare Welt geben, in der jedoch keine Region übermächtig sein wird.

Mit der Verschiebung der wirtschaftlichen Machtverhältnisse kommt es gleichzeitig auch zum politischen Abdriften der Kräfte von West nach Ost. Diese Entwicklung ist zum einen auf den Anstieg der Öl- und Rohstoffpreise zurückzuführen. Der verhalf den Golfstaaten und Russland zu unerwarteten Profiten und wird auch zukünftig für großzügige Zuflüsse in die Staatskasse sorgen. Zum anderen führten niedrigere Kosten in Verbindung mit staatlichen Maßnahmen zu einer Verschiebung der Industrieproduktion wie auch einiger Dienstleistungszweige in Richtung Asien.

Die Kommunikationsprobleme werden sich im nächsten Jahrzehnt weiter verringern. Lieferanten aus den BRIC-Staaten und anderen Ländern werden die Ansprüche und Forderungen von westlichen Einkäufern immer besser verstehen und die Qualitätsansprüche des Westens immer besser umsetzen lernen. Das heißt einerseits, dass der Einkauf in BRIC-Staaten einfacher wird, und bedeutet andererseits, dass Konkurrenzunternehmen sich diese Vorteile ebenso schnell und zuverlässig sichern können.

Durch die Entwicklung einer multipolaren Welt ergeben sich einige Konsequenzen, die für den Einkäufer weitreichende Folgen haben können. Die zukünftigen Herausforderungen für den Einkauf liegen diesbezüglich im Spannungsfeld zwischen dem Protektionismus einzelner Regionen und einer stärkeren Liberalisierung innerhalb dieser Regionen und damit verbunden der schwereren Einschätzbarkeit des internationalen Handels.

Folgen für den Einkauf: Protektionismus und Abschottung von Regionen

Das geringe eigene Wirtschaftswachstum könnte zu protektionistischen Maßnahmen der westlichen Länder führen, als Schutz gegen die schneller wachsenden aufstrebenden Staaten im Osten und Süden. Staaten wie China oder Indien könnten wiederum aufgrund einer höheren Inlandsnachfrage ihre Ausfuhrkapazitäten erheblich reduzieren – auch hier ist also die Gefahr der Abschottung gegeben, wenn auch unter anderen Vorzeichen. Diese kann aber auch für Regionen, politische Gebilde wie die EU, gelten.

Egal aus welcher Intention heraus Staaten oder Regionen ihre Märkte stark regulieren: Aus Abschottung folgt, dass der Zugriff auf Rohstoffe und Vorprodukte schwieriger werden kann – bis hin zu der Gefahr, dass bis dato zuverlässige Beschaffungsquellen plötzlich nicht mehr verfügbar sein könnten. Die Konsequenz aus dieser Entwicklung sollte eine Beschaffungsstrategie sein, die sich auf diverse Quellen aus unterschiedlichen Regionen stützt, um Ausfälle abfangen zu können. Das Versorgungsrisiko sinkt naturgemäß mit einer steigenden Anzahl von Lieferanten.

Ein stärkerer Regionalismus unter dem Schirm einer multipolaren Welt könnte zudem dazu führen, dass sich die Vereinbarungen der Welthandelsorganisation (WTO) schwerer durchsetzen lassen. So reduziert sich der Austausch von Gütern zwischen Staaten/ Regionen und der Handel verschiebt sich in die Regionen.

Folgen für den Einkauf: stärkere Liberalisierung innerhalb einzelner Regionen

Während der Welthandel in einer multipolaren Welt (zwischen Regionen) komplizierter wird, ist innerhalb von einzelnen Regionen wie beispielsweise Europa oder Südostasien eine weitere Liberalisierung der Märkte zu erwarten. Wer hier als Produzent tätig ist oder als Abnehmer einkauft, kann davon profitieren. Und hat bereits in der Vergangenheit davon profitiert. Innerhalb einer gemeinsam agierenden Wirtschaftsunion wie der EU können Einkauf und Handel in Zukunft erheblich einfacher werden. Der Einkäufer profitiert also von den regulatorischen Rahmenbedingungen, die ihm die Beschaffung in seiner Wirtschaftsregion erleichtern, so wie ihm andererseits protektionistische Maßnahmen die Beschaffung in fremden Wirtschaftsregionen erschweren.

Liberalisierung der Märkte sorgt für Wohlstand

Handelsabkommen wie MERCOSUR (seit 1991), ASEAN (seit 1967), NAFTA (seit 1994) sorgen für einen freizügigeren Austausch von Gütern und Dienstleistungen in bestimmten Regionen. Doch die Schaffung von vollkommen integrierten Märkten ist ein andauernder Prozess, wie es auch der Liberalisierungsprozess in der Europäischen Union zeigt. Zwar wurden in Brüssel bereits große Erfolge verzeichnet wie beispielsweise die Begründung eines Binnenmarktes (Artikel 23 ff des Europäischen Gemeinschaftsvertrages, EGV), die Freizügigkeit der Arbeitnehmer (Artikel 39 ff EGV) oder der freie Kapital- und Zahlungsverkehr (Artikel 56 ff EGV). Doch nach wie vor könnte der freie Verkehr von Dienstleistungen verbessert werden.

Gegenwärtig wird Dienstleistern die Niederlassung in anderen Mitgliedstaaten der Europäischen Union oder das Anbieten von grenzübergreifenden Dienstleistungen durch unterschiedliche, einzelstaatliche Rechtsvorschriften erschwert. Zwar wurde die Dienstleistungsrichtlinie bereits 2006 verabschiedet, aber bis Ende 2009 haben die Mitgliedstaaten noch Zeit, diese umzusetzen. Ziel der Richtlinie ist es, den Austausch von Dienstleistungen zu erleichtern. Damit soll nicht nur die Wettbewerbsfähigkeit von einzelnen Unternehmen gefördert, sondern der gesamte europäische Dienstleistungssektor gestärkt werden.

Folgen für den Einkauf: Der internationale Handel wird schwerer einzuschätzen

Eine Welt mit mehreren Machtzentren macht es für Einkäufer zunehmend schwer, den internationalen Handel richtig einzuschätzen und zukünftige Entwicklungen zu kalkulieren. Einkäufer würden dann zunehmend in einem regulativ sehr schwankenden Rahmen agieren müssen und könnten sich immer weniger auf global gültige Agreements verlassen. Anfänge dieser Entwicklung zeigen sich bereits heute: In der letzten Doha-Runde (Treffen der WTO-

Mitgliedstaaten) war es teilnehmenden Staaten fast unmöglich, globale Vereinbarungen zu treffen, stattdessen wurden zunehmend bilaterale Regelungen getroffen.

Komplexität des internationalen Systems nimmt zu

Im Jahr 2020 werden nicht mehr nur Staaten und Regierungen die einflussreichsten Teilnehmer am Miteinander in der Welt sein. Ein weiterer Grund, warum – neben dem Trend zu einer multipolaren Welt – aus heutiger Sicht kein einzelner Staat mehr die Welt dominieren wird, ist der steigende Einfluss von multinational agierenden Unternehmen, Interessenvereinigungen oder religiösen Gruppen. Bei der Durchsetzung ihrer Ziele werden Firmen und Verbände von der technologischen Entwicklung unterstützt. Denn das Internet mit seinem Trend zu mehr Kapazität, Geschwindigkeit, Leistung und Mobilität kann auf einen Knopfdruck die ganze Welt erreichen und damit Meinung machen. Unzählige Individuen und kleine Gruppen, bisher eher machtlos, werden nicht nur miteinander vernetzt, sondern können planen und mobilisieren und damit Dinge erreichen, die effizientere und befriedigendere Lösungen bieten, als Regierungen das bisher konnten.

Auch vor diesem Hintergrund entstehen wiederum Herausforderungen für den Einkäufer: Der internationale Handel wird komplexer, er muss mit der Bedeutung verschiedener Interessengruppen umgehen und ist mit schwer durchsetzbaren rechtlichen Grundlagen konfrontiert.

Folgen für den Einkauf: zunehmende Komplexität im internationalen Handel

Für den Einkauf im Jahr 2020 bedeutet das: Die Lage wird unübersichtlicher – der Einkauf muss nämlich unterschiedliche globale Entwicklungen ständig im Auge haben und gut informiert sein. Als strategische Antwort auf die zunehmende Komplexität der Marktbeziehungen entstehen vielschichtige Kooperationsmodelle und strategische Allianzen, auf die auch der Einkauf flexibel reagieren muss. So könnten beispielsweise anlassbezogene Netzwerke der unterschiedlichsten Interessengruppen entstehen, um globale oder regionale Fragestellungen zu lösen. Unternehmen könnten an Macht gewinnen, schließlich nutzen sie das weltweite Netz ebenso für ihre Interessen wie zum Beispiel die Verbraucherorganisationen. Aber angesichts der zunehmenden Zahl von Netzwerken steigt der Aufwand für das einzelne Unternehmen, sich über globale Tendenzen zu informieren oder ein aktives Management der Netzwerke von unterschiedlichen Interessengruppen zu betreiben. Nur dann lässt sich nämlich auf Veränderungen im Einkauf kurzfristig und damit schneller als der Wettbewerber reagieren. Der Einkäufer von morgen muss laufend Informationen über Beschaffungsmärkte sammeln und bewerten, um Sourcing-Strategien umzusetzen oder gegebenenfalls schnell auf aktuelle Situationen anzupassen.

Folgen für den Einkauf: Bedeutung von unterschiedlichsten Interessengruppen steigt

Die verbesserten Kommunikationsmöglichkeiten beeinflussen also soziale, wirtschaftliche wie auch politische Entscheidungen – mit einem vergleichsweise geringen Aufwand.

Auf diese Weise können virtuelle Interessengruppen als politische Akteure an die Stelle traditioneller Verbände treten. Die Bürger bedienen sich der neuen Technologien, um von der politischen Führung Rechenschaft zu fordern, um Ideen zu erörtern und für politische Veränderungen einzutreten. Naturgemäß können leider auch terroristische Netzwerke die Informations-, Kommunikations- und Reisefreiheit missbrauchen. Das Internet-Zeitalter verstärkt eben die Möglichkeiten aller Netzwerke. Deshalb ist es auch denkbar, dass sich ein Netzwerk lediglich temporär bildet, um ein einziges Ziel, sei es eine regionale oder globale Fragestellung, zu verfolgen.

Dass sich Einzelne per Internet Gehör verschaffen können und eine breite Zuhörerschaft erhalten – wie es zum Beispiel die tausendfach heruntergeladenen Videos einzelner Mitglieder der Internetplattform YouTube eindrucksvoll belegen –, birgt allerdings gleichzeitig eine erhöhte Gefahr. Die Gesellschaft spaltet sich in immer kleinere Einheiten auf und der breite Konsens kann dadurch verloren gehen.

Diese Fragmentierung macht auch vor der globalen Steuerung von wirtschaftlichen Zusammenhängen nicht Halt. Es ist durchaus denkbar, dass die stärkere Vernetzung von Einzelnen in einer

Gesellschaft zunehmend von transnationalen virtuellen Verbindungen flankiert wird. Dann stehen sich die Mitglieder von Gruppen mit ähnlichen Religionen, kulturellen, ethnischen oder anderen Verbindungen durch die virtuelle Netzwerkbildung vielleicht näher, als es beispielsweise ihre unterschiedlichen Nationalitäten erwarten lassen könnten.

Diese immer tiefer gehende Fragmentierung hat für den Einkauf im Jahr 2020 zur Folge, dass er sich kontinuierlich über globale Trends und Tendenzen informiert halten und mit immer mehr unterschiedlichen Ziel- und Interessengruppen in Kontakt stehen muss.

Folgen für den Einkauf: Rechtliche Grundlagen lassen sich schwerer durchsetzen

Das Ziel der Welthandelsorganisation (WTO) ist klar. Sie strebt die Errichtung und Aufrechterhaltung eines funktionsfähigen und dauerhaft multilateralen Handelssystems an, heißt es bereits in ihrer Präambel. Folglich sollen Zölle und andere Handelsschranken abgebaut und Diskriminierung in den internationalen Handelsbeziehungen beseitigt werden. Ausdrücklich sollen die Entwicklungsländer in den Welthandel integriert werden. Das ist bei 153 Mitgliedern mit unterschiedlichen Positionen ein sehr ehrgeiziges – und häufig sehr langwieriges – Unterfangen. So ist die so genannte Doha-Entwicklungsagenda, die ursprünglich bereits 2005 abgeschlossen sein sollte, bis heute noch nicht beendet. Noch Mitte 2008 scheiterte der vierte Anlauf, weil sich die Staaten nicht über die Agrarpolitik einigen konnten. Im April 2009 bekräftigte der WTO-Generaldirektor Pascal Lamy, dass ein Abschluss der Verhandlungen den Wegfall von Zöllen in Höhe von mindestens 150 Milliarden US-Dollar jährlich ermöglichen könnte – zum Vorteil aller Konsumenten weltweit. Angesichts der vielen Interessen innerhalb der WTO ist eine Einigung in kleineren, homogeneren Einheiten leichter. Es ist deshalb wahrscheinlicher, dass lokale Handelsblöcke wie beispielsweise die EU, AFTA oder MERCOSUR stärker werden.

Was für die Unternehmen innerhalb dieser Wirtschaftsräume vorteilhaft ist, kann sich aber beim Handelsverkehr zwischen den einzelnen Handelsblöcken als Hemmnis herausstellen. Denn wenn keine international durchsetzbaren Standards vorliegen, können sich Verträge mit Lieferanten aus anderen Wirtschaftsregionen schnell in einem rechtlich unsicheren Raum bewegen und sich dementsprechend schwerer durchsetzen lassen. Und was ist ein Vertrag mit einem Lieferanten in einem anderen Wirtschaftsblock dann noch wert?

Vernetzte Welt

Der Aufbau einer globalen Infrastruktur führt zu einer dramatischen Senkung der Kommunikationskosten. Das erleichtert den Zugang für viele Menschen und Unternehmen zu leistungsfähigen Netzwerken. Menschen, Unternehmen und auch Regierungen wachsen dementsprechend weiter zusammen. Daraus resultiert eine neue »Weltordnung«, bestehend aus Netzwerken, Gemeinschaften und Interessengruppen, die auch die Regeln des Wettbewerbs neu formuliert.

In dieser neuen Welt werden Unternehmen bestehen, die offen und vernetzt arbeiten. Das müssen nicht immer die größten Firmen sein, denn das weltweite Netz reduziert die Kosten der Kollaboration von Unternehmen und Märkten und erlaubt auch kleineren Einheiten, im globalen Geschäft mitzumischen. Dabei geht es längst nicht mehr nur um Absatzmärkte. Vielmehr sorgt die gestiegene Mobilität für eine so genannte Entlokalisierung, so dass Kunden, Lieferanten, Mitarbeiter und eben Ressourcen auf der Welt verteilt sind.

Vertikal integrierte Unternehmen werden zukünftig durch fokussierte Unternehmen ersetzt, die in Business-Webs mit anderen Unternehmen erfolgreich zusammenarbeiten. Erfolgreiche Unternehmen werden sich einen großen Teil ihrer Innovationen extern einholen. Denn wer versucht, alles in Eigenregie zu entwickeln, wird zu langsam sein. Zusammengefasst werden die zunehmende Globalisierung, die steigende Mobilität und die wachsende Bedeutung virtueller Netzwerke die Märkte grundlegend verändern – in ihrer Organisation, Innovation und Wertschöpfung.

Entscheidend für den Erfolg des Einkaufs im Jahr 2020 wird sein, wie gut er vernetzt und wie gut er informiert ist. Weitere Herausforderungen für den Einkauf liegen im Aufbau von wesentlich effizienteren Supply Chains und im Umgang mit dynamischen Preisveränderungen.

Folgen für den Einkauf: verstärkte Informationstransparenz im Einkauf

Für den Einkauf des Jahres 2020 hat die starke Vernetzung von Informationen Vorteile. Idealerweise werden sich Einkäufer unterschiedlicher Branchen mittels globaler Netzwerke kurzfristig über Rahmenbedingungen in bestimmten Ländern austauschen, Lieferanten beurteilen oder Bonitätseinschätzungen weitergeben. Dadurch werden Produkte und Dienstleistungen weltweit mit einem wesentlich geringeren Aufwand als heute transparent. Leistungen der Lieferanten werden zunehmend vergleichbar und Lieferanten somit auch schneller austauschbar, da beispielsweise im Netzwerk bereits eine alternative Bezugsquelle empfohlen wird. Aufgrund der Vernetzung mit anderen Einkäufern und des einfachen Zugriffs auf globale Informationsquellen sinkt die Abhängigkeit des Einkäufers von den Informationen des einzelnen Lieferanten; benötigte Informationen sind jederzeit abrufbar. Kein Wunder, dass eine aktuelle IBM-Studie davon ausgeht, dass sich die Informationsmenge 2010 alle 11 Stunden verdoppeln wird.

Folgen für den Einkauf: Effizientere Supply Chains beschleunigen den Handel weiter

Die Handelsbeziehungen werden aufgrund der weltweiten Vernetzung effizienter, wenn beispielsweise die Bonität oder die Qualität eines Lieferanten bereits durch unabhängige Dritte bestätigt wurde.

Neben den qualitativ hochwertigeren Informationen – beispielsweise über Bonität, Qualität oder Liefertreue von Lieferanten – wird auch der Datenfluss zunehmend effizienter. IT-Systeme werde miteinander verbunden, der automatisierte Datenaustausch (Bedarfsmengen, Lagerstände etc.) ist Standard, Unternehmen in verschiedenen Wertschöpfungsstufen sind miteinander verlinkt und Bedarfe werden transparent. Aufgrund der optimal aufeinander abgestimmten Planung wird die gesamte Supply Chain effizienter. Das Ergebnis: eine Beschleunigung des internationalen Handels.

Folgen für den Einkauf: dynamische Preisänderung

Die Technologie macht es möglich. Nicht nur an den Börsen werden schon heute Rohstoffe transparent im Netz gehandelt, sondern auch im Konsumentenbereich gibt es bereits Metapreismaschinen wie beispielsweise Suchmaschinen für günstige Flüge (www.swoodoo.com oder www.terminala.com), auf denen Preise laufend nach Angebot und Nachfrage angepasst werden. Im vollelektronisch gesteuerten Handel von morgen können die Verhandlungen über Güter und Dienstleistungen zwischen Unternehmen zu zeitgesteuerten Auktionen werden, mit zunehmend individualisierten Preisen. Dynamische Preisänderungen gehören dann zur Tagesordnung: Je nach Kundenandrang und Verfügbarkeit der Waren werden die Preise gehoben oder gesenkt. Der Einkauf im Jahr 2020 wird flexibler und schneller reagieren müssen. Die Schnittstelle zwischen Einkauf und Verkauf muss tadellos funktionieren, um die Weitergabe von Preisänderungen – und zwar in beide Richtungen – schnell und fehlerfrei durchzuführen.

Kampf um Rohstoffe

Ob Kohle oder Uran, Öl oder Gas, Nahrungsmittel oder Wasserkraft: Alle wichtigen Ressourcen sind – vor allem bei einem angenommenen ewigen Wirtschaftswachstum – allesamt risikobehaftet und krisenanfällig. Der Kampf um Rohstoffe ist damit unvermeidlich und hat bereits begonnen, wie beispielsweise die Diskussionen um den Bau von Gaspipelines von Russland in den Rest der Welt zeigen. Lediglich sechs Länder, darunter Saudi-Arabien, der Iran, Kuwait, die Vereinigten Arabischen Emirate, eventuell der Irak und Russland werden schätzungsweise 39 Prozent der gesamten Erdölproduktion im Jahre 2025 erzeugen können. Experten gehen davon aus, dass gegenwärtig zirka 21 Länder mit zusammen rund 600 Millionen Einwohnern entweder an Ackerland- oder Trinkwassermangel leiden. Aufgrund des andauernden Bevölkerungswachstums wird sich dieser Mangel voraussichtlich auf 31 Länder mit etwa 1,4 Milliarden Menschen ausweiten.

Suche nach Rohstoffen bis in die letzten Winkel der Erde

Unter dem bisher ewigen Eis der Arktis und der Antarktis werden große Vorkommen an Erdöl und Erdgas vermutet. Bis heute ist die Erschließung dieser Bodenschätze zu kostspielig und aufwändig gewesen. Seitdem der Ölpreis im vergangenen Jahr Rekordstände feierte, wird über das Fördern im ewigen Eis ernsthaft nachgedacht.

Die Beispiele für Konflikte um Ressourcen sind bereits heute zahlreich: Ob es um das Öl im Nigerdelta, den regelmäßig aufflackernden Streit um Erdgas zwischen der Ukraine und Russland, den Zugang zu Wasser in Nahost, die Landnutzung im sudanesischen Darfur oder die Überfischung am Horn von Afrika geht – überall wird politisch oder faktisch um die knappen Rohstoffe gekämpft. Dabei muss unter anderem die EU sich einem zusätzlichen Problem stellen: der steigenden Abhängigkeit von äußeren Bezugsquellen für Rohstoffe. Zwar ist sie heute nur noch zu 49 Prozent von Einfuhren abhängig, während es 1975 noch 62 Prozent waren. Doch dürfte die Rate bis 2030 auf wieder 70 Prozent steigen.

Kurz gesagt: Der Umgang mit knappen Rohstoffen wird in den nächsten zehn Jahren mit Sicherheit eine der wichtigsten Herausforderungen für den Einkauf in verschiedensten Branchen werden. Einige der Auswirkungen wie beispielsweise ein erhöhtes Versorgungsrisiko, der Umgang mit höheren Sicherheitsbestimmungen und die Notwendigkeit, effizientere Logistikströme zu kreieren, sind im Folgenden dargestellt.

Folgen für den Einkauf: das Versorgungsrisiko und die Suche nach Alternativen

Das sich abzeichnende Versorgungsrisiko führt dazu, dass sich viele Staaten, Unternehmen und Einkäufer mit der Sicherung zukünftiger Rohstoffquellen auseinandersetzen müssen. Dementsprechend stark wird die Position der Länder sein, die Rohstoffquellen besitzen – was für den Einkauf entsprechende Konsequenzen hat. Er wird sich nach der Verfügbarkeit von Ressourcen richten müssen bzw. die Sicherung der Verfügbarkeit von Rohstoffen für sein Unternehmen aktiv mitgestalten müssen.

Bei der Sicherung künftiger Ressourcen stehen die Chinesen mit langfristigen Vereinbarungen über den Bezug von Öl aus dem Iran und Sudan und von weiteren Rohstoffen aus afrikanischen Staaten an vorderster Front. Den Interessen der Volksrepublik im Chinesischen Meer, wo sehr große Ölvorkommen vermutet werden, trägt außerdem der massive Ausbau der chinesischen Marine bereits seit längerer Zeit Rechnung. Das Militär ist beauftragt, die Claims durch Präsenz und latente Drohungen abzustecken und somit ein china-freundliches Seerecht zu etablieren.

Russland mit seinen riesigen Öl- und Gasvorkommen tritt wiederum als globaler Machtfaktor auf den Plan und setzt seine Macht unbekümmert zur Durchsetzung seiner Interessen ein, wobei es womöglich die territorialen Belange für wichtiger erachtet als beispielsweise umfassende und freie Informationsmöglichkeiten für seine Bürger.

Die Endlichkeit der Energieressourcen wie auch die globalen Klimaänderungen spornen Wirtschaft und Politik bei der Suche nach alternativen Energielieferanten an und lassen neue Märkte entstehen: Wind, Solarenergie, Biomasse. Zugleich wird der Wiedereinstieg in die Atomkraft zur Produktion von Strom wieder regelmäßig diskutiert. Trotz aller Bemühungen ist eine generelle Verteuerung von Energie zu erwarten – und bereits in vollem Gange.

Angesichts dieser Herausforderungen ist es für Unternehmen von immenser Bedeutung, die Rohstoffquellen von morgen möglichst langfristig an das Unternehmen zu binden – womöglich auch mit Hilfe der Integration (z. B. durch Zukauf von Rohstofffirmen, so wie ein Stahlproduzent sich den Zugang zu Eisenerz durch den Kauf einer Bergbaufirma sichert) in die Firma bzw. in Form von Lieferantenpartnerschaften.

Folgen für den Einkauf: höhere Sicherheitsbestimmungen

Die Bestimmungen zum Schutz von Umwelt und Verbrauchern werden ausgeweitet. Damit einhergehend werden in vielen Regionen die staatlichen Vorgaben für Wirtschaft und Produktion erhöht. Als Beispiel sei das Kyoto-Protokoll genannt. Das Protokoll sieht vor, den jährlichen Treibhausgas-Ausstoß der Industrieländer innerhalb der so genannten ersten Verpflichtungsperiode (2008–2012) um durchschnittlich 5,2 Prozent gegenüber dem Stand von 1990 zu reduzieren. Auf der Konferenz der Vertragsstaaten im Dezember 2007 auf Bali wurde eine Einigung über die Rahmenvorgaben für die Verhandlungen über die Reduktionsverpflichtungen der Industrienationen in der 2013 beginnenden zweiten Verpflichtungsperiode erzielt.

In der nicht verbindlichen Washingtoner Erklärung vom 16. Februar 2007 haben sich die Regierungschefs von Kanada, Deutschland, Italien, Japan, Russland, dem Vereinigten Königreich, den USA, Brasilien, China, Indien, Mexiko und Südafrika in Grundzügen auf eine Nachfolgeregelung geeinigt. Zunächst soll demnach ein möglichst weltweites Emissionshandelssystem installiert werden, das entwickelte wie Entwicklungsländer in die Reduktionsbemühungen einbezieht.

Gegen den Widerstand osteuropäischer Länder ringt die EU derzeit um schärfere Richtlinien für den Schadstoffausstoß der 52.000 europäischen Industrieanlagen. Es ist vorgesehen, dass Kraftwerke, Ölraffinerien und Hochöfen, die zusammen 55 Prozent des Schadstoffausstoßes in der EU verursachen, ihre Emissionen bis 2020 um ein Drittel senken müssen.

Obwohl nach derzeitiger Lage bei Vorliegen nationaler Sondergenehmigungen manche Anlagen den Ausstoß von Schwefeldioxid, Stickoxid und Feinstaub erst ab 2020 drosseln müssen, könnte das Europaparlament im Herbst 2009 in 2. Lesung das Gesetz weiter verschärfen (Ergebnis zum Drucktermin leider noch nicht bekannt). Nichtsdestotrotz schreiben Immissionsschutzgesetze in vielen EU-Mitgliedstaaten wie zum Beispiel Deutschland bereits jetzt strengere Standards vor.

Auch die Bestimmungen für Produktsicherheit werden laufend verschärft und ihre Einhaltung wird in zunehmendem Maße kontrolliert. Im Juni 2009 wurden Fisher Price und Mattel von der US Consumer Safety Commission zu einer Strafe in Höhe von 2,3 Millionen US-Dollar verurteilt. Die Unternehmen hatten im Zeitraum 2006–2007 mit Bleifarbe kontaminierte Spielzeuge aus China importiert.

Verschärfte regulatorische Rahmenbedingungen haben für alle Einkäufer im Jahr 2020 zur Folge, dass sie sich auf eine erheblich komplexere Lieferantenauswahl und Lieferantenbewertung einstellen müssen. Einkäufer müssen sich kontinuierlich über aktuelle Gesetzesvorschriften informiert halten und auch sicherstellen, dass diese seitens der Lieferanten eingehalten werden.

Folgen für den Einkauf: effizientere Logistikströme

Die weltweiten Ölreserven sind aus heutiger Sicht endlich. Dabei wird die Verteuerung des Öls auch durch die derzeitige Krise verschärft, da aufgrund der aktuell drastisch gesunkenen Nachfrage Förderungsprojekte auf Eis gelegt worden sind. Dabei werden Länder, die heute noch Öl produzieren, in Zukunft keinen Vorrat dieses Energieträgers mehr haben. Länder wie Russland oder Mexiko können jedoch nur rund 35 Prozent des Weltbedarfs decken. Gleichzeitig führt das Wachstum in den aufstrebenden Schwellenländern zu verstärkter Nachfrage nach Rohstoffen, was wiederum den Ölpreis spätestens beim nächsten Anziehen der Konjunktur wieder nach oben treiben wird. Das zwingt Unternehmen und damit auch den Einkauf, effizientere Logistikströme zu kreieren. So kann durch die Verlagerung der Transporte erheblich Kraftstoff für LKW-Transporte eingespart werden. Auch wenn heute eine Verlagerung vielleicht noch mit Mehrkosten verbunden ist, so sichern sich Unternehmen dadurch bereits heute Erfahrungen und Kontingente auf Zügen, die sicher bei einem Dieselpreis von 5 Euro und mehr knapp werden.

Fazit

Zusammenfassend lässt sich festhalten, dass sich aus dem Bereich Märkte/Politik für den Einkäufer in den nächsten Jahren zahlreiche Herausforderungen ergeben, auf die individuell je nach Branche und Unternehmensumfeld Lösungsmöglichkeiten gefunden werden müssen.

Auf der einen Seite gilt es, auf Veränderungen der Weltordnung durch einerseits weitere Liberalisierungen innerhalb einzelner Wirtschaftsblöcke zu reagieren und andererseits angesichts möglicher Abschottungen von Regionen gezielte Beschaffungsstrategien zu entwickeln. Durch die sich erhöhende Komplexität und Nicht-Kalkulierbarkeit im Wirtschaftsleben werden ständig neue Situationen entstehen, auf die der Einkauf kurzfristig reagieren muss. Eine

Voraussetzung dafür ist der Aufbau von strukturierten Informationssystemen im Einkauf, über die der Einkäufer den Überblick über das globale Geschehen behalten kann. Ein weiteres zentrales Thema ist die fortschreitende Vernetzung der Welt. Diese Vernetzung ermöglicht es dem Einkauf einerseits überhaupt, den gestiegenen Anforderungen noch gerecht werden zu können, weil innerhalb kürzester Zeit notwendige Informationen beschafft und ausgetauscht werden können. Andererseits steigen – beispielsweise auch über zu erwartende dynamische Preisveränderungen – die Anforderungen an die Leistungsfähigkeit des Einkaufs. Denn Ressourcen werden knapp und es gilt, in der Sicherung der Rohstoffe für das Unternehmen bei allen Einkaufsaktivitäten immer einen Schritt voraus zu sein.

Trends in der Ökologie – die unbequeme Wahrheit

Für Al Gore war 2007 ein gutes Jahr. Sieben Jahre zuvor unterliegt er noch George W. Bush im US-Präsidentschaftswahlkampf. Damals beschreibt ihn die Weltpresse als langweilig, spröde, nicht charismatisch. 2007 steht er als Friedensnobelpreisträger und Oscar-Gewinner vor den Massen und predigt seine unbequeme Wahrheit vom Klimawandel. Er ist ein passionierter Redner, der es sich zur Mission gemacht hat, die Welt aufzuklären. Seine Auszeichnungen signalisieren, dass er mit seiner Meinung und seinem Engagement nicht alleine ist.

2007 lässt sich als Wendepunkt in der Diskussion um den Klimawandel beschreiben. Al Gores Dokumentarfilm *Eine unbequeme Wahrheit* rüttelt die Menschen auf, gleichzeitig publizieren mehr als 600 internationale Klimaexperten die IPCC-Studie. Der bislang letzte Statusbericht über den Planet Erde des »Intergovernmental Panel on Climate Change« macht unmissverständlich deutlich: Der Mensch beeinflusst den Klimawandel erheblich. Während bis dato über die Ursachen noch gestritten wurde, ist die globale Erwärmung seitdem unter Wissenschaftlern nicht mehr umstritten. Die Auswirkungen des Klimawandels können überall auf der Welt gesehen werden. Herbststürme wie »Kyrill« 2007 treffen Deutschland immer öfter. Ehemals große Binnenmeere wie der asiatische Aralsee drohen aufgrund jahrelanger Dürre auszutrocknen. Schwerste Naturkatastrophen wie der Hurrikan »Katrina«, der 2005 den Süden der USA verwüstete, 1.800 Menschen tötete und einen Sachschaden von 81 Milliarden US-Dollar verursachte, werden häufiger. Wissenschaftler sind sich einig: Extreme Wetterereignisse sind nicht mehr nur statistische Ausreißer, sondern regelmäßige Vorkommnisse.

Der Klimawandel verändert die Welt

Menschen, Unternehmen, Staaten, Organisationen reagieren längst auf die Veränderungen und die Auswirkungen. So kämpfen österreichische Landwirte gegen eine neue Schädlingsfauna, die der Klimawandel hervorruft. Banken und Asset-Manager in Asien und den USA berücksichtigen den Klimawandel bei der Abschätzung ihrer Geschäftsrisiken. Europa formt mit dem EU-ETS, dem Emissionshandelssystem der Europäischen Union, eine erfolgreiche Vereinbarung über die Reduzierung des Treibhausgases Kohlendioxid (CO_2). Auf jedem Gipfel der acht führenden Industrienationen in den letzten Jahren war Klima ein zentrales Thema.

Auch die Menschen handeln: Häuser erhalten zunehmend Sonnenkollektoren. Immer mehr kleine und große Windkraft-Anlagen werden gebaut. Geplante Kohlekraftwerke wie in Moorburg bei Hamburg werden nicht nur von Bürgern vor Ort bekämpft; immer mehr Regionalparlamente lehnen neue, fossil befeuerte Kraftwerke ab. Abfalltrennung gehört zur Normalität. Grüne Parteien sind nach Christdemokraten und Sozialdemokraten konstant drittstärkste politische Kraft in Europa. Das Umweltbewusstsein der Menschen hat sich deutlich verändert, weil jeder heute die Auswirkungen des Klimawandels wahrnehmen kann. Hinzu kommt, dass vor allem in den Industrienationen vielfältige rechtliche Rahmenbedingungen geschaffen werden, die die Klimakatastrophe verhindern sollen.

Länder kämpfen gegen Klimawandel

Auf globaler Ebene sind dies zum Beispiel die völkerrechtlich verbindlichen Regelungen der Klimarahmenkonvention (United Nations Framework Convention on Climate Change – UNFCCC) der Vereinten Nationen mit dem daran angeschlossenen Kyoto-Protokoll, das die Treibhausgas-Emissionen der industrialisierten Länder durch Reduktionsverpflichtungen vermindern soll. In der Europäischen Union haben sich die Staats- und Regierungschefs im März 2007 darauf geeinigt, den CO_2-Ausstoß bis 2020 um mindestens 20 Prozent im Vergleich zu 1990 zu senken. Und am 1. Juli 2009 ist in Deutschland eine Reform der Kraftfahrzeugsteuer in Kraft getreten. Bei Neufahrzeugen entscheidet seither vor allem der Ausstoß von Kohlendioxid über die Höhe der Steuer, nicht mehr die Hubraumgröße.

Mit der Besteuerung des CO_2-Ausstoßes soll der wesentliche Grund der anthropogenen (vom Menschen erschaffenen) globalen Erwärmung bekämpft werden: Kohlendioxid-Emissionen. Tatsächlich liegt die zentrale Ursache nach dem gegenwärtigen wissenschaftlichen Verständnis »sehr wahrscheinlich« in der Verstärkung des Treibhauseffektes durch den Menschen. Dieser verändert die Zusammensetzung der Atmosphäre vorwiegend durch das Verbrennen fossiler Brennstoffe und die daraus resultierenden CO_2-Emissionen.

Zu diesem Ergebnis ist auch der Weltklimarat (IPCC) gekommen, der im Auftrag der Vereinten Nationen seit 1988 den aktuellen Stand der wissenschaftlichen Forschung auf dem Gebiet des Klimawandels festhält. Der bislang letzte, im Februar 2007 veröffentlichte Bericht der Arbeitsgruppe I des Weltklimarats nennt folgende Fakten:

Die Konzentration von Kohlendioxid- und Methangasen übersteigt gegenwärtig in der Atmosphäre alle Werte, die für die vorindustrielle Zeit bis vor 650.000 Jahren nachgewiesen werden konnten.

Starker Temperaturanstieg

Klimaschwankungen sind nicht neu. Frühere Klimaänderungen verliefen aber so langsam, dass Tiere und Pflanzen sich anpassen konnten. Die aktuelle Entwicklung geht viel schneller vonstatten: Weltweit ist die Durchschnittstemperatur laut den Klimaforschern des IPCC in den letzten 100 Jahren um mehr als 0,7 Grad Celsius gestiegen. Abhängig vom weiteren Anstieg der weltweiten Emissionen in den kommenden Jahrzehnten geht der Weltklimarat davon aus, dass sich die globale Durchschnittstemperatur bis 2100 um 1,1 bis 6,4 Grad Celsius erhöht.

Auswirkungen auf die Meere

Als Konsequenz einer schnellen Erderwärmung wird der Meeresspiegel rasch steigen. Nach verschiedenen Szenarien des IPCC sind bis 2100 zwischen 0,19 und 0,58 Meter möglich, wobei die Erhöhung nicht gleichmäßig ausfällt, sondern sich regional unterschiedlich darstellt. Für den Trend werden im Wesentlichen zwei Faktoren verantwortlich gemacht: Zum einen dehnt sich das Meerwasser bei höheren Temperaturen stärker aus, zum anderen kommt es bei höheren Temperaturen zum verstärkten Abschmelzen von Gletschern.

Wird der Anstieg der Meere nicht verhindert, müssen insbesondere kleine Länder und Inselgruppen im Pazifischen Ozean wie

Fidschi, Samoa, die Marshall-Inseln, Kiribati oder Neukaledonien, deren Landfläche nur knapp über dem Meeresspiegel liegt, befürchten, in den nächsten Jahrzehnten im Meer zu versinken. Aber auch viele Küstenregionen und -städte sind bedroht. Küstenerosion, Sturmfluten, veränderte Grundwasserspiegel, Schäden an Gebäuden oder Häfen sind greifbare Risiken. Klettert das Meer weltweit um einen Meter, werden 150.000 Quadratkilometer Land überschwemmt. 180 Millionen Menschen wären betroffen, und rund 1,1 Billionen Dollar an zerstörtem Besitz wären zu erwarten. Um sich gegen einen Anstieg der Meeresspiegel von einem Meter zu schützen, müssten die Menschen weltweit nach einer Berechnung des IPCC 1.000 Milliarden Dollar in Schutzmaßnahmen investieren. Ohne diese würden zum Beispiel die Niederlande sechs Prozent ihrer Fläche verlieren. Im bevölkerungsreichen Bangladesch wären es sogar 17,5 Prozent.

Neue Klimazonen entstehen

Mit zunehmender Erwärmung verändern sich auch die Klimazonen. Das setzt Pflanzen und Tieren zu. So wird sich die Landwirtschaft in unseren Breiten signifikant verändern. Der Klimawandel prägt nicht nur unmittelbar das Wachstum aller Anbaukulturen, sondern wirkt sich auch über Unkräuter auf die Verbreitung und Population von Schädlingen und Pflanzenkrankheiten aus. Zudem stellt der Klimawandel nach Erkenntnissen von Wissenschaftlern die größte Gesundheitsgefahr im 21. Jahrhundert dar. Denn Krankheiten und Erreger aus tropischen Regionen könnten die gemäßigten Klimazonen erobern.

In Mitteleuropa etwa haben Stechmücken, die Malaria übertragen, (noch) keine Chance. Sie brauchen nächtliche Temperaturen über 14 Grad Celsius. Wird es aber wärmer, werden die Mücken in viele bislang gemäßigte Regionen vorstoßen. Eine Explosion der Erkrankung wäre unvermeidbar. Prognosen zufolge könnte die Zahl der Malariainfizierten weltweit von derzeit 300 auf über 500 Millionen Menschen steigen. Dann könnte die Infektion mehr als drei Millionen Opfer jährlich fordern.

Auch europäische Metropolen werden von der Erwärmung dramatisch betroffen sein. Durch die dichte Bebauung ist der Luftaustausch reduziert, es entstehen ganzjährige »Wärmeinseln«. In Städten werden Leistungsfähigkeit, Wohlbefinden und Gesundheit von Menschen zukünftig häufiger, über längere Zeiträume und stärker als bisher beeinträchtigt. Die Zahl der Hitzetoten wird ohne Zweifel signifikant steigen. Zum Vergleich: Im Hitzesommer 2003 starben Schätzungen zufolge europaweit mehr als 20.000 Menschen.

Doch nicht nur die Metropolen sind betroffen. Studien haben nachgewiesen, dass sich die Abgaswolken von Kraftfahrzeugen (deren Abgase aus Kohlenwasserstoffen und Stickoxiden bestehen, die sich unter Sonneneinstrahlung zu Ozon entwickeln) weit in das Umland verteilen und dort die Landwirtschaft negativ beeinträchtigen. Experten des Massachusetts Institute of Technology (MIT/USA) haben in einer Studie 2007 ermittelt, dass der erwartete Ozonanstieg von ca. 50 Prozent bis Ende des Jahrhunderts zu einer Verringerung der weltweiten landwirtschaftlichen Produktion um fünf bis zehn Prozent führt.

Mehr Probleme für Allergiker

Bedingt durch den Klimawandel ist damit zu rechnen, dass die Belastung von Mutter Natur und der alljährliche Pollenflug Allergikern noch mehr Kopfzerbrechen bereiten wird. Die Pollenbelastung dürfte durch längere jährliche Wärmeperioden sowie veränderte Niederschlagssituationen deutlich zunehmen.

Immer mehr Naturkatastrophen

Durch die globale Erwärmung nehmen die Temperaturunterschiede auf der Erde zu. Es verdunstet mehr Wasser und es kommt zu schweren Niederschlägen. Dadurch steigt die Gefahr von Überschwemmungen und Flutkatastrophen. Ausgleichseffekte bewirken heftigere Winde und eine zunehmende Zahl an Stürmen und Orkanen. Laut der Versicherung Münchener Rück sind die globalen klimatischen Veränderungen immer häufiger ursächlich für die Wetterextreme. Besonders schlimm wütete die Natur 2008, 220.000 Tote und Sachschäden in Höhe von 200 Milliarden US-Dollar machten 2008 zu einem der schlimmsten Katastrophenjahre der Geschichte. Der Zyklon »Nargis« forderte in Birma 135.000 Menschenleben, ein Erdbeben in der chinesischen Provinz Sichuan zerstörte Güter im

Wert von 85 Milliarden US-Dollar. Noch verheerender waren die Bilanzen 1995 mit dem Erdbeben von Kobe in Japan, 2004 mit dem Tsunami in Südostasien und 2005 mit seinen zahlreichen Wirbelstürmen. Deutlich wird, dass bei Naturkatastrophen in Entwicklungsländern insbesondere Menschen zu Schaden kommen, während in Industrienationen vor allem Sachgüter betroffen sind.

Steigende Schäden

»Durch den Klimawandel werden wetterbedingte Naturkatastrophen und auch die Schäden daraus weiter zunehmen. Ereignisse wie die Hurrikane Ike und Gustav 2008 passen zu diesem Muster, auch wenn einzelne Naturkatastrophen nicht allein mit dem Klimawandel erklärt werden können.«

Dr. Torsten Jeworrek, Vorstandsmitglied der Münchener Rück

Fazit

Der Klimawandel hat die Welt längst fest im Griff. Schnelles Handeln ist daher nötig. Doch die divergierenden Interessen von Industrienationen, Schwellen- und Entwicklungsländern, von Industriekonzernen und Lobbygruppen verhindern bislang wichtige Entscheidungen. So legt das 1997 beschlossene Kyoto-Protokoll zwar erstmals in der Geschichte verbindliche Reduktionsziele für Treibhausgase fest, doch über den Umfang sowie die Einbindung von Schwellen- und Entwicklungsländern wurde jahrelang gefeilscht. Bedeutende Länder haben das Kyoto-Protokoll bis heute noch nicht ratifiziert. Der Streitpunkt: Fossile Energieträger sind für die Energieerzeugung weltweit von entscheidender Relevanz; bei ihrer Verbrennung jedoch entstehen die weitaus größten Kohlendioxidemissionen.

Die Verringerung dieses Treibhausgases ist ein hochkomplexes Problem. So ist Deutschland beispielsweise bei der Energieerzeugung abhängig vom fossilen Brennstoff Kohle. 2008 wurden 43 Prozent des heimischen Stroms mit Kohle erzeugt. Viel weniger dürften es auch in zwei oder drei Jahrzehnten nicht sein. Grund sind der Atomausstieg sowie natürliche Wachstumsgrenzen für erneuerbare Energien. Kohle bleibt für Deutschland also wichtig, obwohl die

Umweltbilanz desaströs ist. Zwar werden derzeit moderne CO_2-Abscheidungs- und Speichertechnologien (Carbon Capture and Storage) erprobt, doch eine großtechnische Einführung sagen Experten frühestens für 2020 voraus.

Auch weltweit wird die Bedeutung von Kohle für die Energieerzeugung in den nächsten Jahrzehnten eher zu-, statt abnehmen. Denn Kohle ist ausreichend vorhanden und billig. Zudem liegen große Kohlereserven etwa in den USA sowie in zahlreichen politisch unproblematischen Weltregionen wie Südafrika oder Australien.

Um aber die verheerenden Auswirkungen des Klimawandels mit Naturkatastrophen, Krankheiten sowie den nahezu unfassbaren ökonomischen und ökologischen Folgen abbremsen zu können, müssen Unternehmen und Gesellschaft ihre Art zu wirtschaften ändern. Die Kohlenstoff-intensive Ökonomie muss hin zu einem nachhaltigen und gerechten System transformiert werden. Wird es keine gerechten globalen und nachhaltigen Vereinbarungen für den Klimaschutz geben, werden die Klimafolgen wie Dürren oder der Anstieg des Meeresspiegels zu massiven Wanderbewegungen und schlimmen Konflikten führen.

Die klimatischen Veränderungen werden Auswirkungen auf alle Lebensbereiche haben, und damit auch auf den Einkauf und die Beschaffung. Die Auswirkungen auf den Einkauf werden am Ende dieses Kapitels vorgestellt.

Trends im Energiesektor

Erneuerbare Energien

Die begrenzte Verfügbarkeit der fossilen Energien Erdöl und Erdgas sowie die negativen Klimaeffekte des Rohstoffs Kohle haben erneuerbaren Energien weltweit zu einem Siegeszug verholfen. Laut dem Politiknetzwerk »Erneuerbare Energien für das 21. Jahrhundert« haben sich die weltweiten Investitionen in Wasserkraft, Sonne, Wind oder Geothermie zwischen 2004 und 2007 auf gut 70 Milliarden US-Dollar pro Jahr verdoppelt.

Einer Branchenprognose des Bundesverbands für Erneuerbare Energie (BEE) zufolge könnten 2020 deutschlandweit 47 Prozent der Stromversorgung regenerativen Ursprungs sein. Die Bundesregierung geht Mitte 2009 zwar »nur« von 30 Prozent aus, doch beide Zahlen machen deutlich: Die Nutzung erneuerbarer Energien wird in den kommenden Jahren weiter rasch zunehmen. Die Konsequenzen daraus für Wirtschaft und Verbraucher sind vorgezeichnet.

- **Punkt 1:** Die Steigerung der Energieeffizienz bleibt auf der energie- und umweltpolitischen Agenda ganz oben stehen; schon heute haben sich Energieverbrauch und Industrieproduktion nach Angaben des Bundesministeriums für Wirtschaft und Technologie »deutlich« entkoppelt.
- **Punkt 2:** Zwar sackten die Strompreise in der Wirtschaftskrise von Mitte 2008 bis Ende 2009 ab. Doch der kontinuierliche Preisauftrieb wird nicht aufzuhalten sein – Rohstoff- und Produktionskosten, Transport- und Verteilungskosten, Umweltkosten bedingt durch Klimaschutzziele sowie Steuern und Abgaben werden selbst bei stagnierendem Energieverbrauch mittel- und langfristig anziehen.
- **Punkt 3:** National und international gewinnt der Kampf gegen Treibhausgase beständig an Bedeutung. Die Klimaziele Deutschlands, Emissionen bis 2020 um 40 Prozent im Vergleich zu 1990 zu verringern, sind ein hohes, aber politisch gewolltes Ziel. Auch führende Industrieländer wie Japan folgen ambitionierten Plänen: So will Nippon den Ausstoß von Treibhausgasen bis 2020 um mindestens 15 Prozent gegenüber 2005 verringern. Die USA streben ebenso den Wandel in der Klimapolitik an: Im Juni 2009 stimmte das US-Repräsentantenhaus für eine Reduzierung des Kohlendioxidausstoßes um 17 Prozent bis 2020 gegenüber 2005.

Jede dieser Konsequenzen wird das Konsumverhalten, die strategische Ausrichtung von Unternehmen sowie die Ordnung in verschiedenen Märkten nachhaltig ändern. Konsumenten werden Produktionsverfahren und Wareneigenschaften hinterfragen; Energieeffizienz wird zu einem zentralen Verkaufsargument. Und die Weitergabe des Werttreibers Nachhaltigkeit entlang des Produktentstehungsprozesses wird Realität. Ressourcenschonendes, nachhaltiges Wirtschaften wird notwendiger Faktor und strategischer Vorteil respektive Nachteil im Wettbewerb.

Energieeffizienz

Für Einkäufer besitzt der Aspekt Energieeffizienz weitreichende Implikationen. Denn vielfach kann ein Einsparpotenzial identifiziert und realisiert werden. Beispiele sind laut Deutscher Energie-Agentur (Dena):

- **Beleuchtung** macht in Industrie und Gewerbe rund fünf Prozent der Energiekosten aus. Durch neuere Anlagen können Energiekosten stark gesenkt sowie Ergonomie und Sicherheit verbessert, Instandhaltungskosten reduziert und Entsorgungskosten verringert werden. Können veraltete Beleuchtungsanlagen ausgetauscht werden, lassen sich bis zu 75 Prozent Stromkosten sparen.
- **Druckluft- und Pumpensysteme** sowie Luft-, Kälte- und Fördertechnik sind in Industrie und Gewerbe weit verbreitete Querschnittstechnologien. In diesen Bereichen bestehen erhebliche Potenziale zur Steigerung der Energieeffizienz: Meist kann in den Betrieben der Stromverbrauch – und damit die Kosten – um fünf bis 50 Prozent gesenkt werden.
- **Kältetechnik** ist fester Bestandteil moderner Produktions- und Logistikketten. Gleichzeitig wird sie selten als Handlungsfeld zur Steigerung der Energieeffizienz wahrgenommen. So entsteht ein sehr hoher Energieaufwand, wenn Kühlketten unterbrochen werden.
- **Lufttechnik** ist ein fester Bestandteil von Fertigungsstätten. Raumlufttechnik unterstützt und ersetzt die natürliche Lüftung, sorgt für den Abzug unerwünschter Bestandteile und gewährleistet den Betrieb von Reinräumen. Prozesslufttechnik ermöglicht spezielle Luftqualitäten im Produktionsprozess. Mit Effizienzmaßnahmen lässt sich erheblich Energie sparen.
- **Fördertechnik** bietet viele Chancen für effiziente Maßnahmen zur Energie- und Kosteneinsparung. Beinahe alle fördertechnischen Systeme benötigen elektrischen Strom. Besonders bei den elektromotorischen Antrieben lässt sich der Stromverbrauch mit Effizienzmaßnahmen deutlich verringern.

Viele Unternehmen haben bereits Sparpotenziale erkannt und suchen weltweit nach Techniken und Verfahren, Energie wirtschaftlicher einzusetzen. So wird künftig nicht mehr allein der Anschaffungspreis eines Produktes den Ausschlag geben, sondern vielmehr die Betriebskosten, der Energieeinsatz sowie der tatsächliche Rohstoffverbrauch. Einkäufer müssen sich also in Zukunft nicht nur auf den bloßen Einkaufspreis konzentrieren, sondern die Total Cost of Ownership (TCO), also die Kosten des gesamten Lebenszyklus eines Produktes, in Rechnung stellen.

Rohstoff- und Materialeffizienz

Immer mehr Unternehmen folgen der Leitlinie, dass ein effizienterer Umgang mit Rohstoffen und Materialien die Wettbewerbsfähigkeit im internationalen Vergleich signifikant erhöhen und Arbeitsplätze sichern kann. Zum einen werden wichtige Rohstoffe wie Erdöl, Metalle oder Mineralien zunehmend knapper. So stieg alleine in China der Pro-Kopf-Verbrauch von Stahl von 2003 bis 2008 um über 100 Prozent. Zum anderen sorgen Innovationen dafür, dass beispielsweise bislang künstlich hergestellte von erneuerbaren Stoffen abgelöst werden. Die Erkenntnis daraus: Es existieren zahlreiche Möglichkeiten, den Rohstoffverbrauch zu verringern und die Materialeffizienz zu erhöhen.

Beispiele sind:

- **LED-Technik:** Die Abkürzung steht für »Light Emitting Diode« und bedeutet Leuchtdiode. Industrielle Anwendungen finden bereits statt, so sind in Straßenlaternen von Städten LED-Leuchten installiert. Pittsburgh etwa hat 2008 über 4 Millionen US-Dollar durch LED-Beleuchtung eingespart. Die US-Stadt betreibt knapp 40.000 Straßenleuchten. Künftig dürften daher immer mehr LED-Leuchten eingesetzt werden. Und zwar auch im Bereich Automobilbeleuchtung, wo LED-Leuchten helfen, den Stromverbrauch im Fahrzeug zu senken.
- **Energiesparlampen:** Studien belegen, dass Energiesparlampen für die gleiche Helligkeit 80 Prozent weniger Strom verbrauchen als die klassische Glühbirne. Ein enormes Einsparpotenzial, das auch der Gesetzgeber erkannt hat – daher hat der Glühfaden in den Haushalten nach mehr als einhundert Jahren langsam ausgedient. Die EU-Kommission hat nach Prüfung im

EU-Parlament eine Verordnung beschlossen, die die schrittweise Abschaffung der **Glühbirne** bis 2012 als einen Teil der Ökodesign-Richtlinie vorsieht.

- **Weiße Biotechnologie:** Organismen oder deren Bestandteile werden als Grundlagen für die industrielle Produktion verwendet. Die OECD unterscheidet zwei Schwerpunkte: a) den Ersatz fossiler Brennstoffe durch nachwachsende Ausgangsstoffe, b) den Ersatz konventioneller industrieller Prozesse durch biologische Prozesse, die den Energiebedarf sowie den Rohstoffeinsatz senken, die Anzahl der Prozessstufen verringern und damit Kosten reduzieren sowie gleichzeitig ökologische Vorteile schaffen. Produkte, bei denen »weiße Biotechnologie« bereits zum Einsatz kommt, sind Antibiotika, Wasch- und Reinigungsmittel sowie Agrochemikalien.

Die rasanten technologischen Entwicklungen auf dem Gebiet der Ressourcen- und Materialeffizienz bieten den Unternehmen erhebliches Kosteneinsparpotenzial und damit die Möglichkeit, die Wettbewerbsfähigkeit nachhaltig zu verbessern.

Kreislaufwirtschaft

Die deutsche Recycling- und Entsorgungswirtschaft birgt ein großes volkswirtschaftliches Potenzial. Dank strenger gesetzlicher Recyclingvorgaben hat die deutsche Entsorgungswirtschaft mittlerweile modernste Technologien entwickelt, die national und international eingesetzt werden. Deutschland spart pro Jahr Rohstoffimporte von rund 3,7 Milliarden Euro beispielsweise durch die Wiederverwertung von Metallen wie Aluminium. Aus recycelten Materialien lassen sich neue hochwertige Produkte herstellen – vom Abfallbehälter aus Altkunststoff bis zur Wärmedämmung aus Altglas. Zudem stellt die Industrie immer mehr Produkte her, die biologisch abbaubar sind: T-Shirts, Polsterbezüge, Schuhe, Kosmetikprodukte oder Waschmittel bieten durch Abbaubarkeit eine zusätzliche Produktfunktionalität.

Aus der Sicht der Beschaffung sind hier vor allem umweltfreundliche Verpackungsmaterialien hervorzuheben. Diese reduzieren nicht nur das Abfallaufkommen der Unternehmen, sondern helfen oft auch, etwaige Auflagen sowie aufwändige und teurere Gütesiegel bei der Entsorgung oder dem Transport zu umgehen. Bei den meisten Recyclingverfahren kommt es allerdings zu einem Qualitätsverlust gegenüber den Ausgangsstoffen. Dies gilt insbesondere für Kunststoffe. Hingegen können Glas, Stahl, Kupfer oder Aluminium ohne Qualitätsverlust beliebig oft recycelt werden. Dennoch empfiehlt sich für Unternehmen, Prinzipien der Kreislaufwirtschaft einzuführen. Das heißt: Die eingesetzten Rohstoffe gelangen über den Lebenszyklus einer Ware hinaus wieder in den Produktionsprozess zurück.

Die Beschaffung als Schnittstelle zu anderen Unternehmen kann hierbei eine Führungsrolle übernehmen, da in diesem Funktionalbereich interne sowie externe Informationen gebündelt werden. Der Austausch von internen Informationen, z. B. aus der Produktion mit den Zulieferern über die Notwendigkeit von Verpackungen überhaupt, kann nur über den Einkauf erfolgen. Das Ziel besteht neben dem Umweltschutz darin, zusätzliche Wettbewerbsvorteile zu erzielen, die als Einzelakteur nicht realisierbar sind und nur durch die Zusammenarbeit in der Lieferkette möglich sind.

Wasserwirtschaft

Die steigenden Wasserpreise sind ein starker Anreiz zum Wassersparen. Konsumenten achten neben dem Energieverbrauch zunehmend beim Erwerb von Wasch- und Spülmaschinen, Toilettenspülungen oder Armaturen auf wassersparende Produkte. Zudem etablieren Industrie und Gewerbe teilweise geschlossene Wasserkreisläufe.

Eine Badewanne für ein Ei

Alltägliche Dinge haben einen immensen Wasserverbrauch: So steckt nach Angaben der Umweltorganisation WWF in einem Frühstücksei ein Wasserverbrauch von 135 Litern Wasser unter anderem für Produktion, Transport und Verkauf. Das entspricht dem Fassungsvermögen einer Badewanne. In einer Tüte Chips steckten 185 Liter Wasser, in einem Baumwoll-T-Shirt 4.100 Liter.

Weil davon auszugehen ist, dass die Preise für Wasser in den nächsten Jahren in Deutschland sowie weltweit weiter steigen, wird der Rohstoff für die Beschaffung zunehmend bedeutsam. Für produzierende und verarbeitende Unternehmen gilt es, den Wasserbedarf in den Prozessen zu minimieren sowie durch die Nutzung von modernen Wiedergewinnungsanlagen zu optimieren.

Auswirkungen auf den Einkauf

Bislang fehlte in den Einkaufsabteilungen vieler Unternehmen und Betriebe eine systematische Verbindung umweltbezogener Kriterien mit dem Beschaffungswesen. Es mangelte an erprobten Mustern sowie definierten Handlungsmöglichkeiten. Aufgrund steigender Rohstoffpreise, der positiven Kosten- und Reputationseffekte nachhaltiger Produktion sowie sinkender Amortisationszeiten für umweltrelevante Investitionen ändert sich die Situation derzeit deutlich. Längst lassen sich vielfältige positive Beispiele für eine umweltgerechte Beschaffung finden: von der Verwendung von Recycling-Papier über den Einsatz lärm- und abgasarmer Fuhrparks bis zum Einkauf umweltfreundlicher Einsatzstoffe.

Eine Beschaffung unter ökologischen Gesichtspunkten, auch »Green Procurement« genannt, bringt Produzenten und Lieferanten klare Vorteile: Kosteneinsparung durch geringere Total Cost of Ownership, die frühzeitige Anpassung an die neuen regulatorischen Rahmenbedingungen sowie eine gute Reputation bei Kunden und Zulieferern, denn verantwortlich handelnde Unternehmen gewinnen Ansehen bei Verbrauchern, Investoren, Politik und Medien. Eine ökologisch orientierte Beschaffung leistet damit einen wichtigen Beitrag zu mehr Wettbewerbsfähigkeit und zum Schutz der Umwelt.

Der Klimawandel wird eine weitere Folge für den Einkauf haben: Beschaffungsmärkte verschieben sich aufgrund der klimatischen Rahmenbedingungen (Beispiel Lebensmittel) oder aufgrund von Energieverfügbarkeit (Beispiel erneuerbare Energie). Solche Verschiebungen müssen rechtzeitig erkannt und in eine Einkaufsstrategie umgesetzt werden.

Techniktrends revolutionieren Beschaffung

Seit der industriellen Revolution im 18. Jahrhundert entwickeln sich Technologien rasant: Vom Bau der ersten tauglichen Dampfmaschine 1712 bis zur modernen Robotik, Neuroinformatik oder Nanotechnologie sind gerade 300 Jahre vergangen. Erforschung und Umsetzung technischer Innovationen dürften künftig noch schneller ablaufen. Knappe Rohstoffe, zunehmende Weltbevölkerung und globaler Handel sind Herausforderungen, die technische Lösungen verlangen. Informations- und Kommunikationstechnologien machen extreme Wissensmengen gleichsam global verfügbar. Das ermöglicht einen Lösungswettstreit und schafft neue Märkte. An vorderster Front war und ist dabei der Einkauf. Innovationen und Kostensenkungspotenziale gingen und gehen immer einher mit technologischen Weiterentwicklungen. Zwei weitere Folgen für den Einkauf: Lieferketten werden virtualisiert und Preisfaktoren nahezu transparent.

Der technische Fortschritt hat Wirtschaft und Gesellschaft in den letzten 100 Jahren dramatisch beeinflusst: Bahnbrechende technische Innovationen wie die Entdeckung des Kunststoffes Bakelit 1905, die Konstruktion des ersten modernen Computers Z3 1941, die Entwicklung der Programmiersprache FORTRAN 1956 oder die Herstellung des ersten Mikroprozessors von Intel 1971 haben die Unternehmens- und Industriestrukturen, die ökonomischen und gesellschaftlichen Organisationsmuster sowie den administrativen Rahmen regelmäßig neu definiert. Automatisierung, Rationalisierung und Skaleneffekte vervielfachten zudem die Leistungsfähigkeit in Industrieländern. Alleine von 1960 bis 1980 hat sich die Arbeitsproduktivität in Deutschland fast verdreifacht.

Mit welcher Geschwindigkeit und Radikalität technischer Fortschritt tägliches Leben in den vergangenen Jahrzehnten verändert hat, belegen Internet und Kommunikationstechnik: Die ökonomischen, sozialen und kulturellen Effekte weisen eine Dimension auf, die sie mit der industriellen Revolution im 18. und 19. Jahrhundert vergleichbar macht. Neue Unternehmen, neue Produktionsverfahren, neue Beschaffungswege, neue Produkte, neue Berufe, neue Lernprozesse sind dank moderner Informations- und Kommunikationstechnik selbstverständlich geworden.

Technologische Trends sowie ihre Akzeptanz in Industrie und Gesellschaft vorauszusagen, das ist – selbst für Insider – eine komplexe Lehre: So soll Thomas Watson 1943 gesagt haben: »Ich denke, es gibt einen Weltmarkt für vielleicht fünf Computer.« Damit urteilte der damalige IBM-Geschäftsführer völlig falsch: Zu Beginn des 21. Jahrhunderts sind Computer allgegenwärtig – und IBM baut sie noch immer, so 2004 die Rechenanlage BlueGene. Der Supercomputer erledigt 280 Billionen Rechenschritte pro Sekunde und ist damit rund 10.000-mal schneller als ein leistungsfähiger PC. BlueGene ist Ende 2009 schon nicht mehr der schnellste Rechner der Welt und künftige Entwicklungen sind längst im Fokus der Wissenschaft. Diskutiert wird etwa über biologische Systeme (Biocomputer) oder Quantencomputer, die auf neuen physikalischen Modellen beruhen.

Technikvorausschau hat Konjunktur

Noch sind Quantencomputer ebenso Zukunftsmusik wie Systeme, die auf der Verwendung der Erbsubstanz Desoxyribonukleinsäure (DNA) oder Ribonukleinsäure (RNA) als Speicher- und Verarbeitungsmedium beruhen. Wer also Prognosen zur Rechnertechnologie von morgen wagt, kann genauso wie IBM-Mann Watson kräftig danebenliegen. Dennoch hat Technikvorausschau Konjunktur. Weltweit laufen vielfältige so genannte »Foresight-Initiativen«. Länder, Unternehmen, Investoren, Universitäten, Konsumenten wollen die zentralen Trends des nächsten Jahrzehnts voraussagen, um Handlungsoptionen deutlich zu machen und Schwerpunkte setzen zu können. Basis der Prognosen sind dabei die technische Entwicklungslogik sowie technisch-naturwissenschaftliche Trends. Dabei sind zwei Dimensionen für den Einkauf zu betrachten: die erste hinsichtlich der Materialien/Produkte, die beschafft werden, die zweite hinsichtlich der Art und Weise, wie beschafft wird.

Das heißt: Verbindet man Erkenntnisse, wann laufende Forschungsarbeiten in Produkte für den Markt umgesetzt werden können, mit kurzfristigen ökonomischen Potenzialanalysen sowie Prognosen über den möglichen langfristigen Technologiebedarf, kann eine verlässliche Vorausschau entstehen. Entsprechend sind technische Strömungen erkennbar, die künftig auf den Einkauf von Unternehmen wirken.

Für Einkaufsabteilungen ergeben sich aus den Techniktrends vielfältige Folgen. Thema Werkstoffe: Moderne technische Kunststoffe besitzen bereits hochwertige Eigenschaften von Metallen, basieren aber in ihrer Grundform auf Erdöl. Da der fossile Rohstoff bei gleich bleibendem Verbrauch aber nur noch 40 bis 60 Jahre lang verfügbar ist, dürften die Beschaffung von und die Produktion mit Öl komplexer und schrittweise deutlich teurer werden. Als Antwort darauf werden derzeit erneuerbare Rohstoffe als Ersatz für technische Kunststoffe intensiv erforscht. Einsatzgebiete von Biokunststoffen (auf pflanzlicher Basis) sind etwa Verpackungen, Pharma- und Medizinanwendungen oder auch Bekleidungen.

Letztlich wird das Potenzial von Biokunststoffen davon abhängen, wie sich die Preise für die konkurrierenden Rohstoffe entwickeln, welches (Umwelt-)Bewusstsein der Konsument als Designer, Auftraggeber und Qualitätskontrolleur von Produkten formt und ob Länderparlamente positive Rahmenbedingungen schaffen. Das Beispiel macht deutlich, dass sich die Ziele, die Arbeitsweisen und Strategien von Einkäufern auf die Techniktrends der nächsten 20 Jahre einstellen müssen.

Trend Miniaturisierung

Kaum ein Techniktrend lässt sich so direkt nachvollziehen wie die Verkleinerung von Bauteilen und die konsequente Zusammenlegung von Prozessen. Waren die ersten Computer – etwa der 1941 von Konrad Zuse gebaute Z3 oder der in den USA 1944 konstruierte ENIAC – noch raumfüllende Maschinen, sind moderne Computer Mini-Kraftpakete.

So sind die Ende 2008 auf den Markt gekommenen Intel-Prozessoren für Personal Computer der Serie Core i7 mit einer 128-Bit-Architektur ausgestattet und im 45-Nanometer-Verfahren gefertigt. Das entspricht geballter Leistung auf kleinstem Raum. Fakt ist: Die Rechnerpower von Computern wächst permanent und wird im Jahr 2020 an die Leistungsfähigkeit des menschlichen Gehirns grenzen; parallel dazu wird die Bedienung immer intuitiver und einfacher.

Quantensprung dank Nanotubes

Für die Verarbeitung der immer dichter werdenden Datenflut braucht der Computer stets komplexere elektrische Schaltkreise. Die Transistoren geben die Informationen weiter, indem sie mit elektrischen Strömen schalten und walten. Heute werden diese vorwiegend aus Silizium hergestellt. Doch diese Technologie wird in den nächsten zehn Jahren an die Grenzen der Miniaturisierung stoßen. Und danach? »Nanotubes« heißt die Lösung, sagen Forscher voraus. Diese filigranen Kohlenstoffröhrchen haben einen Durchmesser von nur einem Nanometer, sind extrem stabil und können je nach Ausrichtung als Leiter, Halbleiter oder Isolatoren eingesetzt werden. Aus ihnen will man die Computerchips der Zukunft bauen.

Tatsächlich verläuft die Miniaturisierung rasant. Elektronische Bauteile wie Dioden, Transistoren, integrierte Schaltkreise oder Kondensatoren werden um ½ bis 1 Größenordnung pro Jahrzehnt kleiner. Dabei gilt es zu bedenken, dass beispielsweise bei Transistoren die »Schrumpfung« im Nanometer-Bereich erfolgt. Zur Erklärung: Ein Nanometer ist der millionste Teil eines Millimeters. Oder: Ein menschliches Haar ist siebzigtausend Mal größer.

Die Miniaturisierung wird sich aufgrund von ökonomischen und ökologischen Vorteilen sowie nachfragegetrieben fortsetzen. Zwischen 50.000 und 100.000 Arbeitsplätze hängen nach Angaben des Bundesministeriums für Bildung und Forschung in Deutschland schon heute bei uns von der Nanotechnologie ab. Und es wird erwartet, dass bis zum Jahr 2015 fast jeder Industriebereich beeinflusst wird. So bietet die Technik die Basis für immer kleinere Datenspeicher mit immer größerer Speicherkapazität, für Werkstoffe, aus denen sich in der Automobilindustrie ultraleichte Motoren und Karosserieteile fertigen lassen, für künstliche Gelenke, die durch organische Nanooberflächen für den menschlichen Körper verträglicher sind.

Miniaturisierung: Auswirkungen auf den Einkauf

Doch was bedeutet dieser Trend zur Miniaturisierung für Einkäufer? Vor allem müssen wohl zwei Auswirkungen beachtet werden:

- Funktionen wachsen noch stärker zusammen.
- Die Verbreitung von Prozessoren wird steigen.

Mobiltelefone machen Punkt eins deutlich: Kamera, MP3-Player, Navigation, Internetzugang und Telefonieren sind längst im Handy vereint. Wer will, kann per Mobiltelefon Parkgebühren bezahlen oder per Mail am Airport ohne Bordkarte einchecken. Vergleichbare Multifunktionssysteme wird es auch bei Produktionstechnologien geben. Eine vernetzte Kommunikation von Maschine zu Maschine, die sich heute meistens noch innerhalb eines Unternehmens oder auf Servicezwecke beschränkt, dürfte in Zukunft wichtiger Bestandteil zur Steuerung von Lieferketten werden.

Neben der Steuerung kompletter Produktionsanlagen per Computer werden zunehmend Produkte im Produktionsprozess vernetzt. Was bisher Scanner an klar definierten Stellen im Prozess erfassen, kann künftig unabhängig von Prüfpunkten beispielsweise durch »Radio Frequency Identification« (RFID) erfolgen. Die RFID-Technologie identifiziert mittels Funkchips automatisch Gegenstände und erleichtert so die Erfassung und Speicherung von Daten, z. B. über den aktuellen Standort (im Lager, in der Produktion usw.). Noch ist die Logistik wesentliches Einsatzgebiet von RFID. Doch die Möglichkeiten gehen weit darüber hinaus: Für Prozesse in der Produktion, Distribution sowie Entsorgung ist RFID durchaus geeignet.

Der Nano-Speicherchip – immer kleiner und schneller

Wissenschaftler arbeiten derzeit an neuen Nano-Speicherchips: 25 Millionen Buchseiten wollen etwa IBM-Forscher auf der Größe einer Briefmarke speichern; das wäre 20-mal mehr, als die derzeit besten magnetischen Speicher schaffen.

RFID zeigt die Chancen, aber auch die Herausforderungen, die die Miniaturisierung dem Einkauf bietet:

Einerseits werden dem Einkauf durch die stark ansteigende Zahl von Quellen auch deutlich mehr Informationen bereitgestellt. Das wirkt sich direkt sowohl auf die Steuerung der Lieferketten als auch auf den strategischen Einkauf aus. Die Zeiten, in denen Produkte nach der Order etwa beim Transport in einer »Blackbox« verschwin-

den, sind damit vorbei. Verzögert sich beispielsweise die Warenan-
kunft durch Streiks am Versandpunkt oder Stürme beim Seetrans-
port, sind die Standorte sichtbar, die Verzögerungen berechenbar
und kurzfristig neue Planungen möglich. Dank optimierter Systeme
werden künftig Informationen auch ständig und in Echtzeit zur Verfügung stehen.

Andererseits müssen Einkäufer mit vielfältigen Informationsquellen und -systemen gleichzeitig arbeiten können, um möglichst optimale Entscheidungen zu treffen. Die vielen Informationsquellen
müssen bewertet, überwacht und als Grundlage für Entscheidungen
aufbereitet werden.

Mobile »Handhelds« werden leistungsstärker und drahtlos mit
allen Informationsquellen vernetzt. In Kombination mit neuen Soft-
wareprogrammen (Self Learning), der gestiegenen »Connectivity«
und zentralen Rechnersystemen (Cloud Computing) entsteht so ein
Einkaufsinformationssystem, das übergreifende Daten verwaltet und
jederzeit sowie überall genutzt werden kann.

Trend Connectivity

Die Formel für »Total Connectivity« ist laut Peter Wippermann
radikal einfach: »Die kleinste Einheit wird mit der Gesamtheit vernetzt. Der einzelne Kunde zählt, und das weltweit«, sagt der Trendforscher und ruft den Strukturwandel vom Industriezeitalter zur
Netzwerkökonomie aus. Demnach wird die Wertschöpfung ein
Nebenprodukt bei der Erfüllung von Kundenwünschen. Und
Zugang zu sowie das Wissen um die Wünsche der Kunden werden
über Erfolg in der Netzwerkökonomie entscheiden.

Was ist Netzwerkökonomie? Sie ist global, beruht auf immateriel-
len Ideen und Beziehungen und bedingt eine umfassende Vernetzung aller Beteiligten. Im Kern steht die Information, die Netze sind
technische Basis der Ökonomie, so entstehen Netzwerkeffekte.
Längst gibt es zahlreiche Fallbeispiele erfolgreicher Geschäftsmodelle im Netz: Google hat Coca-Cola als weltweit wertvollste Marke
abgelöst. Richtig ist: Die Vernetzung von Datenquellen, Infrastruktu-
ren, Steuerungssystemen und Nutzern sowie die weltweite mobile
Verfügbarkeit sind längst Realität – der Umfang aber wird in den

nächsten Jahren beständig zulegen. Eine Hürde ist die technische Infrastruktur: Forscher beschäftigen sich mit den Themen Standardisierung künftiger Netze, Kommunikation ohne netzseitige Begrenzung, Sicherheit sowie Zuverlässigkeit von Netzen.

Entlegene Gebiete werden angebunden

Weil Kabelnetze für den Datentransport teuer sind, werden vor allem in Entwicklungsländern anstatt terrestrischer (Landkabel-)Leitungen Mobilfunknetze aufgebaut. Neben den bekannten Mobilfunknetzen wird die WLAN-Technik durch eine deutliche Steigerung der Übertragungsleistung an Bedeutung gewinnen. Bereits heute sind Radien von 100 Kilometern technisch möglich. So können selbst entlegene Gebiete an »Highspeed«-Datenleitungen angeschlossen werden. In Indien laufen dazu aktuell bereits Feldversuche.

Der damit verbundene Zugang zum Internet über das Mobile Web wird zu einer weiteren Verschiebung der Kommunikationsstrukturen führen. Dabei sind zwei wichtige Folgen zu betrachten. Die Kosten werden durch die verstärkte Nutzung und Verbreitung weiter sinken und die Energieeffizienz wird steigen. Beide Konsequenzen sind gleichsam Grundlagen für die künftige rasche Verbreitung der mobilen Kommunikation.

Die mobile Kommunikation

Tatsächlich ist das »Mobile Internet« nach Angaben des Bundesministeriums für Bildung und Forschung »der nächste logische Schritt in der Entwicklung der Kommunikationstechnologie«. Festnetz und Mobiltelefone arbeiten digital. Für die Datenübertragung sind aber immer noch wachsende Bandbreiten erforderlich. Der nächste Schritt in die Zukunft ist die Entwicklung von Kommunikationsnetzen, die eine breitbandige mobile Datenkommunikation von Video und Audio ermöglichen: das »Mobile Internet«.

Für Unternehmen wird die Vernetzung interner und externer Daten relevant sein. Heute arbeiten noch viele Systeme sowie die enthaltenen Daten für Buchhaltung, Produktionssteuerung oder Einkauf autark. Entweder ist die Verknüpfung nicht möglich oder zu aufwändig. Um den Datenaustausch zu strukturieren und Nachrichten zwischen Anwendungssystemen unterschiedlicher Institutionen zu synchronisieren sowie vollautomatisch zu gestalten, wurden daher Schnittstellen (Electronic Data Interchange/EDI) definiert. Die Realisierung von EDI ist jedoch immer von den Bedingungen bei den Partnern abhängig. So bestehen große Unterschiede zwischen EDI in der deutschen oder der japanischen Automobilindustrie, im Lebensmittelhandel in Spanien, im Interbankenverkehr in Österreich oder der amerikanischen Industrie. Damit EDI-Nachrichten vom Empfänger verarbeitet werden können, müssen sie einer vorher bekannten Struktur entsprechen. Es gibt allerdings weltweit unzählige verschiedene Standards für EDI-Nachrichten: SWIFT für Banken, Fortras für den Datenaustausch zwischen Speditionen, VDA als Standard der deutschen Automobilindustrie, um nur wenige zu nennen. Grundlage für eine weltweite Vernetzung sind daher einheitliche Strukturen für den Datenaustausch und die Datenverarbeitung.

Connectivity: Auswirkungen auf den Einkauf

Die Entwicklung des Einkaufs vom Bestellabwickler zum Unternehmenswertsteigerer ist stark verbunden mit einer Verschiebung der Aufgabengebiete. Bestand vor Jahren noch die Notwendigkeit, mit einer großen Mannschaft von Disponenten die Planung und Bestellabwicklung durchzuführen, gibt es heute dafür eine Vielzahl von Softwarelösungen. Die Qualität der Ergebnisse von Dispositionssoftware hängt aber stark von der Qualität der zugrunde liegenden Daten ab. In diesem Zusammenhang wird der Trend Connectivity einen großen Einfluss auf den Einkauf haben.

Eine umfangreiche Datenbasis und entsprechende Software werden die Einkaufsabteilungen in die Lage versetzen, noch akkurater Bestellplanung und Bestelldurchführung automatisiert abzuwickeln. Einkäufer werden also künftig nur noch bei Ausnahmen oder komplexen Projekten eingreifen. Ist eine Dispositionsabteilung in Unternehmen künftig also noch notwendig? Wahrscheinlich wird die Arbeit im Einzelfall anspruchsvoller, der Gesamtaufwand aber geringer.

Das heißt: Die Vernetzung der Lieferkette unter Berücksichtigung der Verfügbarkeit von Softwareschnittstellen wird zu einem unternehmensübergreifenden Austausch von Daten führen. Informationen über »Verfügbarkeit bei Lieferanten«, »aktuell in der Planung«

beim Lieferanten, »aktuell in der Produktion« beim Lieferanten, »Menge im Ausgangslager«, »bereits versendet« oder »kurz vor Anlieferung« bilden die Grundlage für eine klare Optimierung der Disposition. Eingehende Kundenaufträge können sofort mit der Verfügbarkeit der Lieferkette verglichen werden (Kommunikation Maschine zu Maschine) und somit entlang dieser Bestände vollkommen reduziert werden. Der Bullwhip-Effekt (Peitschenhieb-Effekt), also die Erhöhung der Variabilität von Bestellungen einerseits und Lagerbeständen andererseits bei unternehmensübergreifenden Lieferketten, wird so vermieden. In der Vergangenheit kam es in Lieferketten aufgrund fehlender Informationen über Absatzentwicklung häufig zu sich aufschaukelnden Beständen, um jederzeit lieferfähig zu sein.

Bereits heute gibt es ASP-Softwarelösungen (Advanced Sourcing Planning) mit genau diesem Ziel: die Lieferkette zu synchronisieren. Allerdings setzen diese Lösungen auf die bestehenden Systeme auf und bilden einen Katalysator für die Daten. Voraussetzung für »gläserne Lieferketten« ist jedoch Informationstransparenz.

Einzig Kunden können Unternehmen durch ihre Marktmacht und ihre Vorgaben zu völliger Offenheit untereinander veranlassen. Wer heute eine individuell geplante Küche bestellt, muss mit einer Lieferzeit von sechs bis acht Wochen rechnen. Die reine Produktion aber dauert gerade eineinhalb Tage. Was passiert? Aufgrund eines geringen Bestandes und der individuellen Herstellung einzelner Elemente wie etwa Arbeitsplatten wird die Lieferung von Küchen in der Regel erst Wochen nach Auftragseingang geplant. Zeit, die der Einkauf benötigt, die Bestellungen für die Einzelteile zum Produktionstag auszuführen. Wären alle Lieferanten in den Prozess eingebunden, wäre eine zeitgleiche Bereitstellung aller Ausstattungselemente möglich. Wenn nun ein Hersteller seine Lieferkette optimiert und das marketingtechnisch einsetzt, werden Kunden den Vorteil einer kürzeren Lieferzeit akzeptieren und andere Hersteller diesem Weg folgen müssen.

Trend Customization

Die Individualisierung ist ohne Zweifel ein weltweites Phänomen. Dieser Wertewandel zeigt sich in der steigenden Sehnsucht der Menschen nach Einzigartigkeit und Differenzierung. An Unternehmen stellt diese Entwicklung eine besondere Herausforderung, da sie neben Massenware zunehmend individualisierte Produkte und Leistungen erbringen müssen. Aus Käufersicht formuliert: Ich möchte beispielsweise Produkt-Designer sein und das Massenprodukt nach eigenem Geschmack verändern.

Seit Anfang 2008 bietet beispielsweise die Deutsche Post den so genannten »Plusbrief Individuell« an. Hierbei sind das Briefmarken-motiv sowie ein Teil des Kuverts frei gestaltbar. Aber das kostet: Für einen Standardbrief plus Porto sind 70 Cent fällig, das Einzelstück kostet rund 1,50 Euro. Rund um den Globus gibt es bereits zahlreiche Unternehmen, die mit »Mass Customization« gute Geschäfte machen. So können in den USA eigene Teddybären zusammengestellt werden, individuelle Müsli-, Tee- und Schokokreationen sind längst auch hierzulande gängig. Um sich im härter werdenden Wettbewerb behaupten und dem wachsenden Preisdruck des Handels begegnen zu können, bietet auch Wella, der Hersteller von Haar-pflegeprodukten, seit einiger Zeit in Italien ein individuelles Produkt an. Das Haarshampoo lässt sich an die Pflegewünsche, Haar-probleme und Duft-Vorlieben jedes Käufers anpassen.

Diese Individualisierung hat dabei große Auswirkungen auf die notwendige Produktionstechnik. Die heute weit verbreitete Massen-fertigung in festgelegten Prozessen und Abläufen steht im Gegensatz zu diesem Trend. Gefordert sind Maschinen, die Einzelstücke in der Geschwindigkeit von Massenproduktion erstellen können. Erste Entwicklungen sind zu beobachten, 3-D-Drucker erstellen auf Basis einer CAD-Zeichnung Formen und Skulpturen und sind heute bereits für 5.000 Euro zu haben. Wenn früher Etiketten erst ab einer Auflage von 10.000 Stück und höher kostengünstig produziert werden konnten, können heute Digitaldrucker bereits kleine Auflagen kostengünstig produzieren.

Customization: Auswirkungen auf den Einkauf

Eigentlich gibt es eine einfache Regel für den Einkauf: Steigende Mengen drücken den Einzelpreis. Je höher die Menge eines Produktes ist, das ich einkaufe, desto niedriger sind die allgemeinen Kosten (Overhead, Rüstkosten) und damit die Umlage auf das einzelne Produkt. Mengenbündelung oder erhöhte Abnahmemengen gehören zum Tagesgeschäft für Einkäufer, um Kosten zu senken. Der Trend zur Individualisierung von Produkten für den Endkonsumenten geht aber direkt in die entgegengesetzte Richtung: kleine Mengen. Und damit höhere Kosten im Einkauf? Und natürlich will der Kunde auf sein individuelles Produkt auch nicht länger warten als in der Vergangenheit. Damit entsteht eine Anforderung an den Einkauf aus dem Konsumentenverhalten, die vollkommen neue Aufgaben und Strategien nach sich zieht. Ausgehend von einem Massengeschäft, bei dem durch Lagerhaltung eine Versorgungssicherheit erzielt wurde, müssen jetzt individuelle Einzelteile kurzfristig beschafft werden. Eine Lagerhaltung wird damit hinfällig.

In der Automobilindustrie ist dieser Trend bereits eingetreten: In einer ersten Phase wurden lohnintensive Produkte, z. B. Kabelbäume, in Länder verlagert, die ein geringeres Lohnniveau haben. So bauten Zulieferer ihre Produktion in Osteuropa auf. Dort wurden für Ausstattungsserien in Massenproduktion die Kabelbäume konfektioniert und an die Produktionsstätten der Automobilhersteller geliefert. In der nächsten Stufe kam die Forderung auf, diese just-in-Time oder just-in-Sequenz zu liefern. Auch das war durch Logistikkonzepte kein größeres Problem mehr, selbst über mehrere hundert Kilometer hinweg. Durch den starken Anstieg von elektronischen Helfern und Ausstattungselementen und die Möglichkeit seitens des Konsumenten, individuell sein Auto zu planen, verringerten sich aber stark die Produktionsmengen eines Typs von Kabelbäumen. Heute besteht daher die Anforderung, just-in-Sequenz für ein individuell geplantes Auto eines Kunden den Kabelbaum anzuliefern. Und das immer noch über mehrere hundert Kilometer Entfernung. Die Kosten und die Stabilität der Lieferkette treten dadurch in den Vordergrund, mit dem Ergebnis, dass die Leistung des Einkaufs neben dem Kostenmanagement in der Anbindung und Steuerung von Lieferanten liegt.

Neben diesen Auswirkungen auf die Ziele einer Zusammenarbeit mit Lieferanten stellt sich in der nächsten Stufe die generelle Frage nach der Aufgabe eines Einkaufs. Wenn individuelle Produkte auf einzelnen Kundenwunsch gefertigt werden, müssen dann Supply Chains sehr eng vernetzt sein? Und welche Aufgabe fällt dann einer Einkaufsabteilung zu? Nur noch das übergeordnete Management der Beschaffung oder stärker als heute der Innovations- und Techniktreiber in der Organisation?

Cloud Computing – viel Rechnerleistung online

Der Innovationszyklus von Personal Computern ist in den letzten Jahren rasant gestiegen. Immer mehr Leistung und Speicherkapazitäten stehen zur Verfügung. Wer nach einem Jahr den gleichen Laptop nochmals kaufen will, wird nur ein ähnliches Modell, aber mit leistungsfähigerem Prozessor und mehr Festplattenspeicherplatz finden. Zum gleichen Preis. Einer ähnlichen Veränderung unterliegen natürlich auch die Serverlandschaften von Unternehmen und in abgespecktem Umfang die genutzte Software. Im Bereich Miniaturisierung und Connectivity wurde beschrieben, dass in naher Zukunft der Umfang der zur Verfügung stehenden Informationen exponentiell steigen wird. Die IT-Ressourcen müssen sich dazu natürlich in gleichem Umfang erhöhen, um diese Informationen auch verarbeiten und speichern zu können.

Ein Ansatz, um die Investitionskosten minimal zu halten, ist das Cloud Computing, die ausgelagerte Informationsspeicherung und -verarbeitung in einem Netzwerk (mehrere Rechenzentren oder Knoten ohne festes Rechenzentrum). Ein Vorteil ist, dass, ähnlich wie beim Stromnetz, der Ausfall eines Knotens nicht zum Ausfall des gesamten Systems führt. Wurde vor 100 Jahren Strom noch da erzeugt, wo er gebraucht wurde, so werden Steckdosen heute von verschiedenen Kraftwerken beliefert. Wird eines dieser Kraftwerke abgestellt, fließt der Strom dennoch weiter – in den meisten Fällen merkt der Kunde den Wechsel gar nicht. Bisher scheiterten diese Ansätze einer jederzeit verfügbaren Rechnerleistung inklusive Software aus der Steckdose an den Bandbreiten der Datenübertragung.

Die damit verbundene Bereitstellung von Software auf einem virtuellen Rechner ist der zweite Vorteil. Während in der Vergangenheit Software gekauft wurde, können in Zukunft Leistungen auf Zeit gemietet werden. Standardsoftware wird sich auf diesem Wege noch einen Schritt weiter verbreiten. Hohe Kosten beim Einsatz von Software entstehen heute durch das Customizing von Standardanwendungen. Diese Individualisierung ist nur begrenzt bei Mietsoftware möglich.

Cloud Computing – Auswirkungen auf den Einkauf

Die große Chance und Herausforderung für den Einkauf besteht in einer abteilungs- und vor allem unternehmensübergreifenden Zusammenarbeit und einem Informationsaustausch durch eine zentral gesteuerte Datenverarbeitung. Wenn nun die Möglichkeit besteht und für die Zukunft von einem Wettbewerb der Supply Chains ausgegangen werden kann, warum sollte dann eine Supply Chain nicht einen gemeinsamen Knoten (gemeinsames Rechenzentrum) im Rahmen des Cloud Computing nutzen? Zu den Vorteilen zählen:

- direkter und zeitnaher Austausch von Daten über
  - Produktionsstatus
  - Auftragslage
  - Lagerbestände
  - Technische Zeichnungen/Änderungen
  - Forecast/Planung
- keine redundante Datenhaltung
- Reduktion von Datenfehlern
- keine aufwändigen Schnittstellen
- zeitnaher Austausch von Informationen und Daten

Neben diesen positiven Effekten besteht natürlich immer die Gefahr von Datenmissbrauch und Datendiebstahl. Weniger bei der Nutzung von Cloud Computing für eine einzelne Firma, aber bei der gemeinsamen Nutzung von Daten durch verschiedene Firmen im Kontext einer Supply Chain (z. B. Umsatzdaten). In geringerem Umfang besteht die Gefahr bereits täglich in der Zusammenarbeit zwischen Firmen. Technische Zeichnungen werden weltweit ausgetauscht und mit kriminellem Willen können diese auch aus einer gesicherten Beziehung herausgenommen werden. Themen wie

Kopierschutz und digitale Wasserzeichen können das teilweise verhindern, aber nie ausschließen. Es wird jedoch der Zeitpunkt kommen, an dem die Vorteile überwiegen werden.

NBIC – Werkstoffe der Zukunft

NBIC bezeichnet die Verschmelzung der Wissenschaften Nano-Bio-Info-Cogno und soll als Synonym für die Weiterentwicklung von Werkstoffen an dieser Stelle stehen.

> **Zitat:**
>
> »Was die Kognitionswissenschaftler denken können, können die Nanowissenschaftler bauen, die Biologen implementieren und die Informatiker kontrollieren.« NBIC, a.A.O.

Welche Veränderungen in der Werkstofftechnik in den nächsten Jahren auf den Einkauf zukommen, ist nicht abzuschätzen. Zu erwarten ist, dass die Stoffe leichter, stärker und günstiger werden. Stärkster Treiber dabei sind die Kosteneffekte, gefolgt vom Mehrwert für den Konsumenten und der Produktionskompatibilität. Beispiele dafür lassen sich in der jungen Vergangenheit finden. Wegen der hohen Energiekosten bei der Herstellung von Glas kann man heute Babynahrung in Kunststoffverpackungen kaufen. Zimmertüren sind schon lange nicht mehr massiv, sondern bestehen aus Spanplatten mit Hohlkörpern. Metallteile in Fensterbeschlägen werden durch Kunststoffteile ersetzt und Massivholz ist viel zu teuer für die Möbelindustrie – stattdessen werden Möbel aus furnierten Spanplatten gebaut. Neben den Werkstoffen gilt das natürlich auch für Lebensmittel (Gentechnik, Ersatzstoffe) und für Energieträger (nachwachsende Rohstoffe). Wenn es einen Preisvorteil gibt, dann suchen Firmen nach Alternativen und bieten diese im Markt an.

NBIC bildet als Superdisziplin der Forschung einen speziellen Trend der Zusammenführung von unterschiedlichen Wissenschaften, mit dem Ziel, als Mensch in die Formgebung und Funktionalität tief einzugreifen. Die Folgen sind, ähnlich wie bei der Gentechnik, nicht auf lange Sicht absehbar, aber Vorteile, wie neue Werkstoffe, schnell verfügbar.

NBIC/Werkstofftechnik – Auswirkungen auf den Einkauf

Der Einkauf ist die Schnittstelle zu den Lieferanten und damit auch zu Innovationen aus dem Markt. Solche Aussagen werden häufig getroffen und sie spiegeln die Vitalität der Forschung und Entwicklung wider. Die Entwicklung von neuen Werkstoffen und die Marktreife erfolgt heute in immer kleiner werdenden Abständen. Die Firmen, die als Erste oder sehr frühzeitig diese Entwicklungen erkennen und für sich sichern, haben kurzfristig immer einen Wettbewerbsvorteil. Und darin besteht auch die Aufgabe des Einkaufs: Trends bei Werkstoffen zu erkennen und für das Unternehmen zu sichern. Das fordert aber ein gewisses technisches Verständnis und vor allem den Mut zu Veränderungen. Zu häufig werden Chancen nicht erkannt, weil ein Einkäufer sich nicht auf neue Werkstoffe oder sogar Lieferanten einlassen will. Erfolgreiche Einkaufsabteilungen setzen dafür Trend-Scouts ein, die genau diese neuen Werkstoffe oder Produktionstechniken suchen und identifizieren.

Unterstützung dafür kommt sicher durch die bestehende Supply Chain und durch die neuen Informationstechniken. Aber was passiert, wenn heute ein Produzent aus Peru beispielsweise einen Ersatzstoff für Kunststofffolien auf Basis von Grasbrei per Mail einem Folienproduzenten anbietet? Die Informationen liegen vor, werden aber sicher nicht verarbeitet. In Zusammenarbeit mit Forschung und Entwicklung wird in Zukunft der Einkauf eine entscheidende Rolle bei der Optimierung von Werkstoffen spielen müssen, ansonsten steht die Wettbewerbsfähigkeit des Unternehmens auf dem Spiel. Dabei spielt auch die Zusammenarbeit mit den Lieferanten eine große Rolle. Wem bietet ein Lieferant ein innovatives Produkt, das er selbst entwickelt hat, an? Dem Kunden, der nur zu Preisgesprächen einlädt, oder dem, der in der Vergangenheit konstruktiv zusammengearbeitet hat? Ein Gleichgewicht in der Zusammenarbeit mit Lieferanten zwischen Kostenoptimierung und Partnerschaft ist somit anzustreben, um die Innovationspotenziale aus dem Markt für das Unternehmen zu gewinnen.

Mit dem Personal steht und fällt das Beschaffungsmanagement

»Unsere Mitarbeiter sind unser Kapital« ist ein genauso gerne wie häufig verwendeter Satz zahlreicher Unternehmenslenker weltweit. Bei näherer Betrachtung dieses doch eigentlich eher klischeehaften Ausspruchs wird jedoch klar, wie viel Wahres sich hinter diesem Statement verbirgt. In einer aktuellen Untersuchung im Auftrag des Bundesministeriums für Arbeit und Soziales wurden 113 namhafte deutsche Unternehmen nach ihren qualitativen Erfolgsfaktoren befragt. Das Ergebnis ist bezeichnend: 41 Prozent des wirtschaftlichen Erfolgs eines Unternehmens gehen danach auf das Personal zurück. Dieses Resultat ist ein weiterer eindrucksvoller Beleg für die hohe Bedeutung des Faktors Mensch in der Wertschöpfungskette eines Unternehmens im 21. Jahrhundert. Jeder Unternehmenserfolg hängt somit entscheidend von der Auswahl des Personals und dessen professionellem Management ab – das gilt auch und gerade für den Einkauf. Schließlich treffen Menschen und nicht Systeme oder Prozesse die für den Einkauf relevanten Entscheidungen. Die Identifizierung, Rekrutierung, Förderung und Bindung von Talenten im Einkauf ist daher das Gebot einer erfolgversprechenden Einkaufsstrategie – gerade für fortschrittliche Unternehmen. Und diese Pflicht wird eine der großen Herausforderungen der kommenden Jahre: Denn gutes Personal wird schon aus demografischen Gründen immer knapper.

Fast 5,5 Millionen Einwohner hat Deutschland in den vergangenen 30 Jahren verloren – das entspricht ungefähr der Anzahl von Deutschen, die zwischen 1815 und 1914 nach Nordamerika ausgewandert sind. Seit 1972 sterben hierzulande mehr Menschen als geboren werden. Mit durchschnittlich nur noch knapp 1,4 Kindern pro Frau zählt die Bundesrepublik heute zu den kinderärmsten Gesellschaften der Welt. Und befindet sich gleichzeitig in guter Gesellschaft, denn in ähnlicher Form sind so gut wie alle Industrienationen von dieser Entwicklung betroffen.

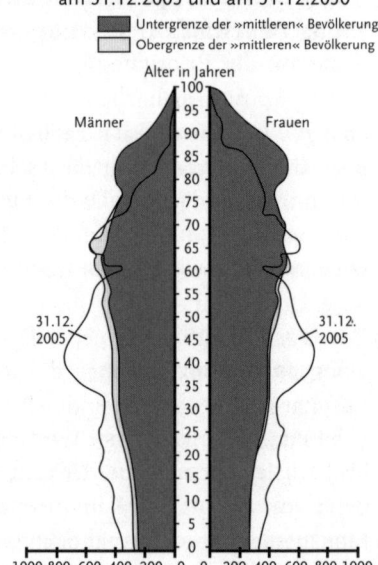

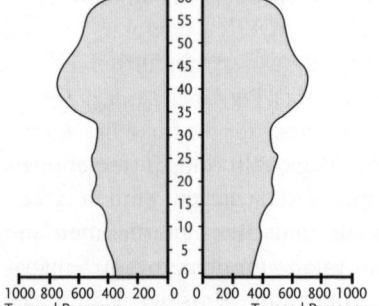

Abb. 4: Die Veränderung der Altersstruktur im Vergleich der Jahre 2005 und 2050
Quelle: Statistisches Bundesamt

Der tief greifende Schrumpfungsprozess prägt Struktur und Zahl der Arbeitnehmer in entscheidender Weise. Nach der Bevölkerungsvorausrechnung des Statistischen Bundesamtes gehören heute etwa 50 Millionen Menschen zur erwerbstätigen Bevölkerung. Im Jahr 2050 werden es – je nach dem Ausmaß der Zuwanderung – 22 bis 29 Prozent weniger sein. Und nicht nur die Anzahl, auch die Altersstruktur verändert sich schnell. Etwa die Hälfte der Menschen im erwerbsfähigen Alter gehört heute zur mittleren Altersgruppe (30 bis 49 Jahre), während knapp ein Drittel zur älteren (50 bis 64 Jahre) und schließlich knapp 20 Prozent zur jungen (von 20 bis 29 Jahren) gehören. Im Jahr 2020 wird die mittlere Altersgruppe nur noch 42 Prozent ausmachen, die ältere mit etwa 40 Prozent aber nahezu gleich stark sein.

Allein vor diesem Hintergrund ist es für Einkaufsabteilungen sehr wichtig, Young und High Professionals rechtzeitig zu identifizieren, zu rekrutieren, zu fördern und ans Unternehmen zu binden. In Zeiten der Wirtschaftskrise ist der Mangel an Top-Talenten nicht weit vorne auf der Prioritätenliste zu finden. Doch in den kommenden Jahren könnte sich die fehlende Beachtung des Talentmangels rächen – und zwar in harten Unternehmenskennzahlen, wenn optimale Beschaffungsstrategien nicht erfolgversprechend durchgesetzt worden sind. Denn gerade der Einkauf steht in personeller Hinsicht noch nicht so im Fokus der strategischen Überlegungen vieler Unternehmen, wie es seiner Wichtigkeit nach angebracht wäre.

Engpassfaktor Talent

Bereits heute lassen sich auf dem Personalmarkt Entwicklungen beobachten, die sich in Zukunft weiter verschärfen werden. Dazu gehört die wachsende Konkurrenz ausländischer Unternehmen, die Einkaufstalente vor Ort rekrutieren – und zwar nicht nur in Deutschland, sondern überall auf der Welt. Denn angesichts des immer härter werdenden Wettbewerbs sehen gerade fortschrittliche Unternehmen die Vorteile globaler Beschaffungsstrategien. Und das hat wiederum Auswirkungen auf ihre Rekrutierungsstrategien. Zudem sehen viele begabte Absolventen ihre berufliche Zukunft jenseits der Heimatgrenzen, wo sie sich bessere wirtschaftliche und berufliche Perspektiven erhoffen. Ein Hauch von Internationalität gehört bereits heute zu jedem erfolgreichen Berufslebenslauf dazu – und damit auch ein ausländischer Arbeitgeber.

Sigmar Gabriel, Bundesminister für Umwelt, Naturschutz und Reaktorsicherheit:

»Es wird darum gehen, angesichts des demografischen Wandels in die Personalressourcen zu investieren, Personal zu halten und zu binden.«

Quelle: Megatrends der Nachhaltigkeit – Unternehmensstrategie neu denken, herausgegeben vom Bundesministerium für Umwelt, Naturschutz und Reaktorsicherheit (BMU), Oktober 2008

Gleichzeitig beobachten Statistiker eine Abnahme des Interesses an akademischer Bildung: Nach Einführung der Studiengebühren ist das Interesse am Hochschulstudium empirisch nachweisbar deutlich geschrumpft. Gerade der Einkauf mit seinen immer komplexeren Anforderungen an das Wissen seiner Mitarbeiter benötigt immer besser ausgebildete und flexible Arbeitnehmer mit Hochschulhintergrund, denn die Aufgaben werden in Zukunft immer anspruchsvoller und internationaler.

Mit den immer globaler angelegten Beschaffungsprozessen geht ein intensiver Kampf um kluge Köpfe weltweit einher – Arbeitgeber und insbesondere die Einkaufsabteilungen müssen sich daher als klare Marke präsentieren, die bestimmte Vorteile für Talente zu bieten hat, die diese nur bei diesem Arbeitgeber finden. Alleinstellungsmerkmale in Sachen Karriere und berufliche Weiterentwicklung werden immer wichtiger, um Talente für das eigene Unternehmen begeistern zu können und sie letztlich im Unternehmen zu halten.

Die Konsequenzen des demografischen Wandels wurden bereits am Anfang dieses Kapitels behandelt – es sei an dieser Stelle nur kurz daran erinnert, dass vor allem die erfolgskritischen Generationen im Alter von 20 bis 40 Jahren rein zahlenmäßig in den nächsten Jahren immer weniger werden –, auch wenn sich die Bundesrepublik zu einer wie auch immer gearteten Zuwanderungspolitik entscheiden sollte.

Zudem schreitet die Individualisierung der Gesellschaft weiter voran. Vor allem die jungen Arbeitnehmer im Alter ab 25 Jahren suchen ihre Karrierewege zunehmend abseits bekannter Trampelpfade – Lebenswege werden mehrdimensional und nicht nur auf ein Ziel hin ausgerichtet. Bereits heute wollen junge Väter und Mütter Karriere, Kinder und weitere Lebensaspekte auf unterschiedlichste Art und Weise miteinander verbinden können. Karrierewünsche von Absolventen sind entsprechend heterogen: Da gibt es auf der einen Seite die klassischen Unternehmenskarrieren, Mitarbeiter, die loyal und meist auch langjährig zu ihrer Organisation stehen, auf der anderen Seite wünschen sich immer mehr Hochschulabsolventen, auf (frei-)beruflicher Projektbasis ein eigenständiges und unabhängiges Berufsleben zu führen. Der Vielzahl und zum Teil auch Unübersichtlichkeit der Wünsche und Ansprüche der Young Professionals sollten Einkaufsabteilungen mit klaren Formulierungen ihrer Ansprüche und Wünsche begegnen. So erhöht sich die Chance, das treffende Talent zu finden und zu halten.

Eine Vielzahl von Trends, die sich teilweise überlappen und ergänzen, wird also die Personalwahl des Einkaufs von morgen beeinflussen. Um die Weichen für eine erfolgreiche Zukunft richtig zu stellen, sollten schon heute Signale erkannt und die entsprechenden Konsequenzen gezogen werden. Denn nur dann wird es in Zukunft gelingen, ausreichend talentierte Mitarbeiter für die immer komplexeren Aufgaben des Einkaufs zu gewinnen.

Das Konzept des Talent Management für den Einkauf

Wie können nun Unternehmen flexibel und erfolgreich den miteinander verflochtenen Herausforderungen bei der zukünftigen Gestaltung ihrer Einkaufsabteilungen begegnen? Ein maßgeschneidertes und wertschöpfungsorientiertes Talent-Management-Programm kann helfen, diese Herausforderung zu bewältigen.

Allerdings ist festzuhalten, dass unter Talent Management in der Theorie Unterschiedliches verstanden wird. Jedoch lässt sich in bereits erfolgreich realisierten Talent-Management-Systemen in der Praxis feststellen, dass Talent Management als ein alle Ebenen des Human Resources Managements umfassender Prozess verstanden wird. Dieser Prozess lässt sich anhand folgender ineinandergreifender Phasen beschreiben: Kompetenzmanagement, Rekrutierung, Entwicklung, Motivation und Bindung. Zudem kommt der Führungskraft, die den Prozess begleitet, eine ganz entscheidende Rolle in allen Phasen der Entwicklung zu. Im Gegensatz zu den aktuellen – eher einseitig auf Employer Branding und die kurzfristige Suche nach Talenten – angelegten Konzepten müssen Talent-Management-Strategien der Zukunft auf die globalen, aber auch unternehmensspezifischen Herausforderungen professionell zugeschnitten sein. Das nachfolgend dargestellte Modell fasst die aus unserer Sicht entscheidenden Stellgrößen für den effektiven Einsatz von Talenten im zukünftigen Beschaffungsmanagement systematisch zusammen.

Abb. 5: Talent Management
Quelle: Penning Consulting

In den folgenden Abschnitten werden die einzelnen Elemente eines strategischen Talent-Managements im Einkauf im Detail erläutert.

Kompetenzmanagement

Basis des Kompetenzmanagements ist eine umfassende Analyse der aktuellen sowie der zukünftigen Anforderungen an die kritischen Positionen und Rollen im Einkauf. Die Ableitung von Anforderungen mündet üblicherweise in ein Anforderungsprofil, das stellen- bzw. funktionsspezifisch formuliert ist und angibt, welche Kompetenzen auf den Ebenen Wissen, Können und Wollen für die erfolgreiche Bewältigung der entsprechenden Anforderungen notwendig sind. Auf der Grundlage von Kompetenzmodellen können dann Entwicklungsbedarfe konkretisiert und spezifische Fähigkeits- und Fertigkeitsprofile für unterschiedliche Funktionen und Rollen im Einkauf abgeleitet werden.

Aktuell ist die Entwicklung im Einkauf durch eine Reihe von Aspekten geprägt, die in den kommenden Jahren an Dynamik gewinnen und eine Reihe von Schlüsselanforderungen zur Folge haben werden.

Heute schon ist der Einkauf durch einen zunehmenden Wegfall einfacher Tätigkeitsfelder geprägt. Teilweise werden Bestellvorgänge zwar noch per Hand eingegeben, die Logistik- und Beschaffungsvorgänge der Zukunft werden vollständig automatisiert sein – ähnlich einem komplexen Gleissystem, bei dem der Disponent nur eine koordinierende und überwachende Funktion wahrnimmt. Um dieser Aufgabe im Jahr 2020 gerecht zu werden, sollten Disponenten über facettenreiche analytische Fähigkeiten verfügen. Immer häufiger werden daher Akademiker im Einkauf beschäftigt sein, die über die notwendigen Hintergründe verfügen und vielschichtige Vorgänge durchschauen können.

Der permanente Veränderungsdruck auf Einkaufsorganisationen, der bereits heute das tägliche Arbeiten prägt, wird in Zukunft noch weiter zunehmen. Innovative Technologien, wechselnde Kundenbedürfnisse und steigender Wettbewerbsdruck fordern bereits heute ein hohes Maß an Lernbereitschaft und Anpassungsfähigkeit von Einkäufern. Die immer größere Anzahl von Beschaffungsquellen im Jahr 2020 fordert von Einkäufern ein hohes Maß an Wissen über ethische, soziale und ökologische Standards, deren Einhaltung sie auch durchsetzen müssen – denn die so genannte Corporate Social Responsibility, die unternehmerische Verantwortung in diesen Aspekten, wird immer wichtiger für die internationale Reputation und damit letztlich für den Erfolg eines Unternehmens.

Die zunehmende Internationalisierung des Einkaufs ist vielleicht der wichtigste Trendfaktor, damit verlangen globale Logistiksysteme und Beschaffungsnetzwerke vom Einkäufer ein breites, vielfältiges Verhaltensrepertoire im Hinblick auf kulturelle und sprachliche Kompetenzen. Einkäufer werden in globalen Strukturen arbeiten und Mitarbeiter sowie Manager aus verschiedenen Ländern und Kulturen in Beschaffungsteams integrieren müssen. Ihre Teams werden sehr vielgestaltig sein, geprägt durch hohe Kultur-, Geschlechts- und Altersunterschiede. Gleichwohl werden diese Teams effektiv und zielorientiert zusammenarbeiten müssen. So erfordert die internationale Verzahnung zukünftig verstärkt General-Management-Kompetenzen im Hinblick auf makroperspektivische Analysen von globalen Zusammenhängen. Gleichzeitig verlangen die dezentralisierten Strukturen in unterschiedlichen Ländern zukünftig mehr Selbststeuerung und -organisation der strategischen Einkäufer vor Ort, die als Unternehmer im Unternehmen fungieren und demzufolge zunehmend Alignment Skills aufweisen müssen. Alignment Skills werden hierbei als die Fähigkeit verstanden, unternehmensübergreifende Strukturen und Prozesse bewerten und eine effektive Ausrichtung der Einkaufsstrategie an der Unternehmensstrategie leisten zu können.

Stop to think:

Zentrale Anforderungen an die Einkäufer des Jahres 2020:
1. General-Management-Kompetenzen
2. Alignment Skills
3. Internationale Kompetenzen
4. Breites Verhaltensspektrum
5. Corporate Social Responsibility
6. Intellektuelle Leistungsfähigkeit

Im Jahr 2020 wird der Einkauf ein weitaus größeres Spektrum an kritischen Aufgaben bewältigen müssen, als das aktuell der Fall ist. Für diese Aufgaben braucht der Einkauf hochqualifizierte Fach- und Führungskräfte mit hohem kreativem, kommunikativem und innovativem Potenzial.

Rekrutierung

Um die erforderlichen Fach- und Führungskräfte zu finden und zu binden, wird in Zukunft ein auf die spezifischen Bedingungen des Einkaufs zugeschnittenes Bewerbermanagement notwendig sein. Da Talente aus vielerlei Gründen bereits heute rar sind und in Zukunft immer seltener werden, wird dieses Bewerbermanagement global ausgerichtet sein und gleichzeitig die lokalen Rahmenbedingungen miteinbeziehen müssen. Denn schon heute herrscht im Einkauf Fachkräftemangel. Nach einer Studie der Universität zu Köln, die gemeinsam mit einer Unternehmensberatung Einkäufer befragt hat, klagen 77 Prozent der Unternehmen darüber, dass sie keine ausreichend qualifizierten Einkäufer finden könnten. 58 Prozent beklagen Nachwuchsmangel und nur sechs Prozent der Unternehmen haben auf Anzeigen hohe und zufriedenstellende Rückläufe. Trotzdem werden innovative Rekrutierungsstrategien wie beispielsweise E-Recruitment, also das gezielte Ansprechen von Kandidaten über elektronische Medien, bisher nur zögernd eingesetzt.

»Unternehmen, die in ein paar Jahren die richtigen Leute an Bord haben wollen, müssen sich jetzt aufstellen und Geld in die Hand nehmen.«

Quelle: Steffen Laick, Experte für Personalmarketing bei der SAP AG

Dabei müssen sich Einkaufsabteilungen bereits heute die besten Talente sichern, um in Zukunft richtig positioniert zu sein. Während der Mitarbeiterstab im Beschaffungsmanagement aktuell ausschließlich aus dem eigenen Land rekrutiert wird, muss im Jahre 2020 der Blick über die deutschen Landesgrenzen hinaus schweifen, um die Herausforderungen des global vernetzten Einkaufs erfolgreich bewältigen zu können. Für eine nachhaltig effektive Rekrutierung der Zukunft müssen Voraussetzungen geschaffen werden, die eine gezielte Identifikation von Talenten in ganz unterschiedlichen Kulturen mit völlig unterschiedlichen Qualifikationshintergründen möglich machen. Das international vernetzte Beschaffungsmanagement der Zukunft verlangt ein flexibles, an die lokalen Bedingungen und globalen Anforderungen zugeschnittenes Kompetenz- und Rekrutierungsmanagement. So macht die permanente Veränderung der regionalen Anforderungsspezifika die kontinuierliche Beobachtung der lokalen Märkte und damit den gezielten Einsatz von Trend- und Rekrutierungsscouts notwendig, die in den jeweiligen Regionen Informationen über erfolgsrelevante Entwicklungen auf dem Arbeitsmarkt, betriebswirtschaftliche Erfolgsfaktoren und regionsspezifische Alternativlieferanten (bspw. im Hinblick auf Warengruppen) sowie die daraus resultierenden Qualifikations-, Fähigkeits- und Motivationsfacetten der dort ansässigen Potenzialträger einholen. In die Planung und Umsetzung der Rekrutierungsoffensiven sollten gleichzeitig die Struktur und Zusammensetzung der globalen Beschaffungsteams, die regionalen einkaufs- und logistikspezifischen Anforderungen sowie die charakteristischen Facetten der Unternehmenskultur systematisch mit einbezogen werden.

Auf Basis der lokalen Rahmenbedingungen, der globalen Anforderungen und der Analyse der strategischen Einkaufs- und Unternehmenspositionierung werden die in ca. drei bis fünf Jahren relevant werdenden Kompetenzanforderungen abgeleitet.

Das globale Beschaffungsmanagement der Zukunft verlangt darüber hinaus auch ein international ausgerichtetes Employer Branding, das nicht nur lokal innerhalb der eigenen Landesgrenzen Talente anspricht, sondern kulturunabhängig die Attraktivität von einkaufsspezifischen Berufsfeldern und der eigenen Arbeitgebermarke überzeugend transportiert. Für die internationalen Zielgruppen muss die Einzigartigkeit des und die Entwicklungsvielfalt im Einkauf und im Unternehmen klar erkennbar sein. Auf lokaler Ebene erreicht man das durch Recruiting Events. So deuten aktuelle Studienergebnisse darauf hin, dass sich nach einer solchen Veranstaltung die Interessentenzahlen bei einem Unternehmen für einen Einstieg verdoppeln.

Allerdings erfordert internationale Rekrutierung den verstärkten Einsatz von elektronischen Medien. E-Recruitment bietet einen breiten Zugang zu Talenten auf globaler Ebene. Soziale Netzwerke wie Xing, Facebook oder Myspace prägen bereits heute das gesellschaftliche Miteinander der Twentysomethings. Auch mobile Medien wie Handys oder iPods für die Darstellung ihres Arbeitgeber-Images, beispielsweise durch Videosequenzen, sind in Zukunft für die internationale Rekrutierung unerlässlich. Jedes Medium hat unterschiedliche Stärken (und Schwächen). Werden sie vernetzt, kann das ausgleichend im Rahmen eines Cross-Media-Konzeptes wirken: beispielsweise Videos als Ergänzung zu Stellenausschreibungen. Hierdurch können Synergieeffekte erzielt werden, die unmittelbar in der Effizienz und Effektivität von globalen Rekrutierungsmaßnahmen ihren Niederschlag finden.

Entwicklung und Qualifizierung

Hoch qualifizierte Mitarbeiter, die ein Unternehmen gewonnen hat, sind ein wichtiger Erfolgsfaktor für die Zukunft und sollten entsprechend entwickelt werden. In Zeiten der Wirtschaftskrise sind allerdings Weiterbildung und -entwicklung von Mitarbeitern in Einkaufsabteilungen in vielen Fällen heute noch vernachlässigte Themen. Einkäufern stehen im Vergleich zu Kollegen aus Verkauf oder Marketing häufig erheblich weniger Zeit für Fortbildung zur Verfügung, deren Qualität zudem häufig nicht ausreichend ist, um sich systematisch fortzubilden. Altmodischer Frontalunterricht ist die Regel, moderne didaktische Konzepte werden nur spärlich oder gar nicht eingesetzt. Selbst Kernkompetenzen wie Beschaffungsstrategien oder Verhandlungsführung sind selten oder gar nicht das Thema von Standardtrainings.

Zukünftige Fortbildungskonzepte werden flexibler und global ausgerichtet sein und auf modernen Medien basieren. Vor diesem Hintergrund ist die Gestaltung von komplexen Lernarchitekturen, die auf die lokalen, kulturellen Qualifikationsbedingungen sowie auf die spezifischen Bedarfe des globalen Einkaufs flexibel anwendbar sind, eine Kernherausforderung. Wer beispielsweise in einer chinesischen Einkaufseinheit eingesetzt wird, sollte auch von einem chinesischen Lehrer betreut werden. Hier stellt ein an die konkreten Bildungsbedarfe zugeschnittener Mix aus vertiefender Präsenzschulung, interaktiven Settings sowie E-Learning-Methoden (virtuelle Lernzimmer, Online-Tests und Evaluationsinstrumente) einen zentralen Erfolgsfaktor für zukünftige, global angelegte Qualifizierungsoffensiven dar. So ermöglichen virtuelle Lernzimmer eine zielgruppenbezogene, flexible, länderübergreifende Kommunikation zwischen Trainer und Klient in einem geschützten virtuellen Raum, der den spezifischen Wünschen, Bedarfen und Anforderungen angepasst ist. Online-Tests (Wissens-, Persönlichkeits- und Kompetenztests) stellen insofern eine effiziente Alternative zu klassischen sog. Paper-Pencil-Tests dar, da kein Anlass zur Anwesenheit eines Instrukteurs besteht, eine objektive, standardisierte Auswertung erfolgt, keine Orts- oder Zeitanbindung notwendig ist und schließlich auf ein breites Spektrum von komplexen, grafischen Visualisierungsmöglichkeiten zurückgegriffen werden kann. Schließlich bieten Online-Evaluationstools die Möglichkeit, schnell und präzise die Wirksamkeit von Qualifikationsmaßnahmen zu analysieren.

Die internationale Vernetzung wird einheitliche Standards und Vorgehensweisen und damit globale Qualifizierungskonzepte notwendig machen, um sicherzustellen, dass alle Einkaufsabteilungen sich auf dem gleichem Niveau bewegen – entsprechende Schulungen sind unerlässliche Voraussetzungen. Durch ergänzende E-Learning-Methoden werden sich globale Qualifizierungskonzepte an verschiedenen Standorten weltweit zu akzeptablen Kosten realisieren lassen.

Motivation und Bindung

Die Wirtschaftskrise 2008/09 mag die mangelnde Bereitschaft von Unternehmen erklären, in die Bereiche Entwicklung und Qualifizierung ihrer Einkaufsabteilungen zu investieren. Aus ihrer Sicht besteht keine Notwendigkeit, Bindungsprogramme für Mitarbeiter zu entwickeln, die derzeit nicht wechselwillig sind.

Retention

Unter »Retention« (deutsch: Beibehalten, Speichern) werden alle Maßnahmen verstanden, Mitarbeiter an »ihr« Unternehmen zu binden, um die Fluktuationsraten möglichst gering zu halten.

Die nachhaltige Leistungsfähigkeit von Unternehmen ist aber von Talenten abhängig, die sich ihrem Arbeitgeber stark verbunden fühlen und ihre Fähigkeiten für einen langen Zeitraum zur Verfügung stellen. Langfristig betrachtet wird der Mangel an qualifiziertem Fach- und Führungspersonal ein kritischer Punkt im Einkauf bleiben. Unternehmen werden noch gezielter planen müssen, wie sie ihre Talente an sich binden können. Denn gerade der Einkauf mit seinen engen Lieferantenverhältnissen, komplexen Logistik- und Beschaffungsnetzwerken und internationalen Verflechtungen ist auf Beständigkeit und Dauerhaftigkeit bei der personellen Vertretung angewiesen, um den globalen Anforderungen gerecht zu werden. Langfristig lassen sich dabei Synergieeffekte erzielen, die durch das effiziente Ausschöpfen des Talentpotenzials angestoßen werden.

Der dynamische Arbeitsmarkt sowie die Verknappung qualifizierter Fach- und Führungskräfte im Jahr 2020 erfordern eine kontinuierliche Stärken-Schwächen-Analyse des Mitarbeiterstabes im Einkauf. Erfolgreiches Potenzialmanagement konzentriert sich auf die Kompetenzen und Potenziale der Talente. Die effektive Besetzung von kritischen Rollen und Schlüsselpositionen sowie die nachhaltige Bindung von Talenten setzen Transparenz der erfolgsrelevanten Potenziale und Kompetenzen voraus. Valide und integrative Diagnostikinstrumente wie Management Audits werden vor diesem Hintergrund in Zukunft immer bedeutsamer werden. Komplexere Aufgabenfelder in der Beschaffung im Jahr 2020 und auch die stark individualisierte Karriereplanung machen maßgeschneiderte Betreuung notwendig, um Potenziale der Talente effektiv auszuschöpfen. Dieser Wertewandel in Richtung Individualismus sowie die zunehmend skeptische Haltung gegenüber der Integrität des Topmanagements schwächen die Bindung von Talenten an ihren Arbeitgeber zunehmend. Dem ist mit einer ethisch überzeugenden Unternehmenskultur zu begegnen.

Bis 2020 wird weltweit ein Anstieg des Frauenanteils in der Erwerbsbevölkerung auf 50 Prozent erwartet (in der EU sogar auf 57 Prozent bis 65 Prozent; siehe DeStatis, 2009). Daraus ergeben sich neue Herausforderungen an die Bindung der Talente. So werden Work-Life-Balance und Familienfreundlichkeit, in Form von Unterstützung bei Vereinbarkeit von Familie und Beruf, ausreichend Zeit für den privaten Kontext sowie Reintegration nach familiärer Verpflichtung, zunehmend in den Vordergrund rücken.

Kernerfolgsfaktoren für die Bindung werden auch zukünftig das perspektivische Aufzeigen von Karrierewegen und Transparenz der Aufstiegskriterien sein. Insbesondere die Zielstrebigkeit, die Forderung nach Sinnhaftigkeit sowie das Bedürfnis nach Herausforderung kennzeichnen die relevanten Zielgruppen. Zentrale Facetten sind vor diesem Hintergrund vertikale und horizontale Lern- und Entwicklungschancen, Erweiterung des Tätigkeits- und Aufgabenspektrums sowie kontinuierliche Entwicklungs- und Zielvereinbarungsgespräche.

Erfolgskritisch für eine nachhaltige Bindung von Talenten ist die Herstellung einer Zielkongruenz, d. h. einer Übereinstimmung der individuellen Ziele mit denen des Unternehmens bzw. der (Einkaufs-)Abteilung. Die neue relevante Zielgruppe lehnt altmodische hierarchische Systeme ab, strebt nach persönlichem Einfluss und bevorzugt flache Unternehmensstrukturen – insofern stellen Partizipation an der Strategieentwicklung, Informationstransparenz zu Unternehmenszielen und -strategien zentrale Stellgrößen von Retention-Programmen dar.

Insbesondere vor dem Hintergrund der Zielkongruenz nimmt die Führungskraft in Zukunft eine noch kritischere Schlüsselrolle ein. Hohe Mitarbeiterorientierung in Form von Wertschätzung herausragender Arbeitsleistung und gezielter Berücksichtigung der individuellen Bedürfnisse sowie intellektuelle Inspiration durch Visionen sind Kernelemente und zentrale Einflussmechanismen des Managers von morgen.

Führung

Die Führungskraft ist in allen Phasen des Talent Managements aktiv eingebunden und begleitet den Prozess systematisch. In den letzten Jahren konnte ein grundsätzlicher Wandel im Führungsverständnis beobachtet werden, der sicherlich in den kommenden zehn Jahren weiter voranschreiten wird. Inzwischen haben sich die meisten Führungskräfte, HR-Experten sowie Unternehmenslenker von der irreführenden Vorstellung verabschiedet, dass der Manager mit seinen verankerten charismatischen, intellektuellen und kommunikativen Fähigkeiten zentrale Figur der Geschäfts- und Teamprozesse ist. Das Leistungspotenzial wird nicht mehr ausschließlich in der Persönlichkeit der Führungskraft, sondern im koordinativen, effektiven Zusammenspiel der unterschiedlichen, sich ergänzenden Kompetenzen eines Teams gesehen. In Theorie und Praxis werden seit geraumer Zeit insbesondere Verhaltensfacetten des so genannten transformationalen Führungsstils als erfolgskritisch für die Herausforderungen der Koordination und Steuerung von heterogenen, globalen Teams erachtet. Kernelement des transformationalen Führungsstils ist das Schaffen einer verbindlichen, für alle involvierten Leistungsträger gleichermaßen relevanten Zielebene über die Kommunikation von Werten, Visionen und Missionen. Dabei sind Business-Standards wie klare Effizienz- und Qualitätsorientierung oder Leistungskultur, sowie Inhalte von Werten und Visionen über die Synchronisierung der Ziele und damit auch der Leistungsprozesse in teilweise virtuell vernetzten Teams maßgebend. Hierin liegt die besondere Bedeutung des modernen, sich noch im Reifeprozess befindlichen Führungsverständnisses für das Beschaffungsmanagement der Zukunft. Der Einkaufsleiter muss mit global agierenden Teams, die aus Mitgliedern unterschiedlichster Herkunft bestehen, effektiv interagieren. Als Wertemanager kann der Einkaufsleiter die Effizienz seines Beschaffungsteams nur durch die Kommunikation von verbindlichen Business-Standards sicherstellen und die Leistungsprozesse effektiv steuern.

Die Herausforderungen, die mit globalen Beschaffungsteams verbunden sind, drängen den Einkaufsleiter in die Position, auf die flexible Selbststeuerung des Teams vertrauen zu müssen. Die Kommunikation und Interaktion der Einkaufsteams der Zukunft könnte eigendynamisch erfolgen und wird immer weniger direkt durch die Führungskraft gesteuert: Vor diesem Hintergrund stellt der Geschäftsprozess ein koordiniertes Zusammenspiel dar, in dem der Manager punktuell als Prozessmotor Impulse gibt.

Im Rahmen der Wirtschaftskrise 2008/09 kämpfen Manager teilweise mit einem gravierenden Reputationsverlust im Hinblick auf Verantwortungsübernahme, egoistisches Handeln (in der Abwägung von persönlichen versus Unternehmensinteressen) und nicht zuletzt aufgrund von Entlohnungs- und Prämiensystemen, die als unproportional wahrgenommen werden.

Nicht zuletzt wegen dieses Reputationsverlustes wird in absehbarer Zeit der Erfolg einer Führungskraft zunehmend von persönlicher, sozialer Verantwortung, werteorientiertem und ethisch vertretbarem Handeln und schließlich vom Beitrag zum nachhaltigen (und weniger vom quartalsgetriebenen) Unternehmenswachstum abhängig sein. Corporate Social Responsibility wird Erfolgsfaktor im Führungsprozess sein. Gerade im Einkauf, der durch seine internationalen Verflechtungen in soziale, ökologische und schließlich wirtschaftspolitische Prozesse in ganz unterschiedlichen Ländern im Jahre 2020 eingebunden sein wird, werden Verantwortung und Nachhaltigkeit die Achillesferse der Reputation und damit auch des Marktwertes eines Unternehmens sein.

Konkret liefert der Einkaufsleiter im Jahr 2020 kritische Informationen zur Definition und Ableitung von Kompetenzen, die aktuell sowie zukünftig für den Einkauf erfolgsrelevant sein werden. In diesem Prozess bezieht er die Unternehmensstrategie und -vision, die perspektivische Situation auf den internationalen Beschaffungsmärkten sowie die mittel- und langfristigen Veränderungen im eigenen Mitarbeiterstab systematisch mit ein. Darüber hinaus steuert und koordiniert der Einkaufsleiter den lokalen und globalen Einsatz von Kompetenzen. Er begleitet den Rekrutierungsprozess in allen kritischen Phasen: Er zeigt auf lokalen Recruiting-Events Präsenz, führt gezielt Gespräche mit Bewerbern im In- und Ausland, koordiniert internationale Rekrutierungsoffensiven und kommuniziert nachhaltig die attraktiven Facetten der eigenen Arbeitgebermarke sowie die Karriereperspektiven im Einkauf. Im Rahmen der Potenzialanalyse stellt er sicher, dass valide, für die Anforderungen im Einkauf kritische Informationen erhoben werden. Wegen der zunehmenden Komplexität der Beschaffungsprozesse werden verstärkt innovative Konzepte und Programme gefragt sein: Die Förderung von Innovation wird Kernaufgabe des Einkaufsleiters sein, der die Rahmenbedingungen für innovative Entwicklung schafft und Talente systematisch durch Coaching und Mentoring im Innovationsprozess unterstützt. Kontinuierliches Feedback über den erzielten Kompetenzausbau und die Leistungssteigerung durch den Einkaufsleiter fördert die Talententwicklung. Dabei werden Job-Enrichment, Job-Rotation und fachliche Weiterbildung von ihm als ergänzende Maßnahmen gezielt eingesetzt. Im Motivationsprozess nimmt der Einkaufsleiter vor allem durch seinen Führungsstil eine zentrale Rolle ein: Er stimuliert das Interesse bei Kollegen und Mitarbeitern, ihre Arbeit aus neuen Perspektiven zu sehen, entwickelt Fähigkeiten und Potenziale auf höherem Niveau und motiviert sie über ihre eigenen Interessen hinaus, zur Produktivität und Effektivität des Teams beizutragen.

Fazit

Der Wettbewerb um die besten Köpfe für die immer komplexer wachsenden Einkaufsaufgaben ist heute bereits entbrannt und wird sich bis zum Jahr 2020 erheblich verschärfen. Ein strategisches Kompetenzmanagement über alle Phasen des Arbeitslebens hinweg wird notwendig, um die globalen Mitarbeiterressourcen entsprechend ihren Talenten effektiv einzusetzen. Die gezielte Bindung von Leistungsträgern mittels individuell zugeschnittener Karrieremöglichkeiten macht Arbeitgeber zu einer interessanten Marke für die besten Köpfe. Identifikation und Förderung von Talenten werden zu den wichtigsten Aufgaben gerade für Einkaufsabteilungen werden. Lebenslanges Lernen mit modernsten didaktischen Instrumenten fördert die immer schwächer werdende Bindung der Talente an den Arbeitgeber. Nimmt die Führungskraft, die die Talentauswahl und -förderung von Beginn an begleitet, ihre Rolle als Werte- und Prozessmanager an, dann sind die besten Voraussetzungen für ein effektives Talent-Management-System gegeben.

Kapitel 3
Methodenlehre für Beschaffungsprognosen

Trends sind das Rohmaterial der Zukunftsforschung. Da Trends laut Forscher Matthias Horx »Veränderungsbewegungen im Hier und Heute« sind, können sie auch durchaus exakt identifiziert, analysiert und benannt werden. Einkaufsabteilungen in Unternehmen, die künftige Geschäftspotenziale erkennen und sich darauf vorbereiten wollen, müssen also Trends bewerten und neue Konstellationen kalkulieren. Um die Vielzahl der Optionen und die sich wandelnden Bedingungen für ganz unterschiedliche Branchen in ihrer Individualität handhabbar zu machen, hat Kerkhoff Consulting eine Methodenlehre entwickelt, aus der sich Handlungsempfehlungen systematisch ableiten lassen.

Der Einkauf heute und morgen wird in erster Linie von der vielfältigen Marktsituation des Unternehmens direkt beeinflusst. Wettbewerbs-, Kunden- und Lieferantenstruktur bilden die Vorgaben und beeinflussen wesentlich den Verhandlungsspielraum. Vorgaben der Kunden müssen durch den Einkauf umgesetzt werden, dabei ist die Abgrenzung zum Wettbewerb als Rahmen einzuhalten, und zusammen bedingen diese beiden Einflussfaktoren die Beziehungsgrundlage zu den Lieferanten.

Immer stärker wird der Einkauf darüber hinaus nachhaltig beeinflusst von den Bedingungen in den fünf Trendkategorien Gesellschaft, Märkte/Politik, Ökologie, Technologie/Kommunikation sowie Personal. Emotionale, gesteuerte Moden, aber auch rationale Entwicklungen in diesen Feldern bringen vielfältige und permanente Herausforderungen für Beschaffungsabteilungen mit sich. Erfolgreiches Einkaufen bedingt somit die stetige und konsequente Auseinandersetzung mit den Zukunftskategorien und ihrer Wirkung. Wie aber lassen sich die für ein spezifisches Unternehmen

Einkaufsagenda 2020. Gerd Kerkhoff
Copyright © 2010 WILEY-VCH Verlag GmbH & Co. KGaA, Weinheim
ISBN: 978-3-527-50501-2

relevanten Trends und Szenarien identifizieren, mit den Einkaufs-daten in Unternehmen spiegeln und damit Strategien für die Supply Chain ableiten? Anders formuliert: Welche grundsätzlichen Infor-mationen benötigen Unternehmen, um heute die richtigen Ent-scheidungen für die effektive Supply Chain der näheren und ferne-ren Zukunft zu treffen?

Die Antwort darauf ist ein methodischer Prozess mit einer mög-lichst umfassenden Analyse des Status quo im Unternehmen, den jeweils für die Branche und das individuelle Unternehmen maßgeb-lichen Trends in einer Mittel- sowie Langfristperspektive sowie die anschließende Deduktion von Zielen und Handlungen. Aufgrund der vielen, komplexen Informationen, die bewertet werden müssen, und der Notwendigkeit, einen abschätzbaren und transparenten Pro-zess zu gestalten, ist das von Kerkhoff Consulting entwickelte Ver-fahren modular gestaltet. Das bedeutet: Die Trendkategorien und ihre zeitliche Dimension können eingegrenzt oder auch die Analyse des Status quo im Unternehmen variiert werden. Allerdings sollte es immer Anspruch sein, die Analysefelder so zu definieren, dass der Unternehmens- beziehungsweise Wertschöpfungsprozess in seinem ganzen Umfang betrachtet wird. Der gesamte Prozess vom Kunden-auftrag über die eigene Wertschöpfung bis hin zur Leistungserbrin-gung beim Kunden sollte in die Trendbetrachtung einbezogen wer-den.

Ständige Überprüfung nötig

Bei Trendanalysen handelt es sich nicht um statische, punktu-elle Betrachtungen, sondern vielmehr um einen dauerhaften und dynamischen Prozess, der immer wieder überprüft und an die vorhandenen Fakten angeglichen werden muss.

Der methodische Prozess und seine Analysefelder

Der methodische Prozess zum Abgleich von Zukunftstrends und deren Auswirkungen auf den Einkauf von morgen gliedert sich in fünf Schritte:

Abb. 6: Vorgehensweise der Trendanalyse
Quelle: Kerkhoff Consulting

Top-down-Analyse der Rahmenbedingungen

Basis einer unabhängigen Betrachtung ist eine branchenindividuelle Einschätzung des heutigen Marktumfeldes. Rahmenbedingungen und Einflussgrößen für den Einkauf sind zu bestimmen und zu kategorisieren. Die Leistung eines Einkaufs ist immer in Verbindung mit dem Marktumfeld, in dem er sich bewegt, zu sehen. Monopolistische Lieferantenstrukturen bedingen ein anderes Handeln eines Einkaufs, die Anforderungen der Kunden an die zu beschaffenden Produkte oder der Druck durch Wettbewerber auf die eigene Beschaffung sind zu erfassen. In der Trendmatrix sind diese vier wesentlichen Einflussgrößen zusammengefasst.

Die Felder Lieferantenstruktur, Kundenstruktur und Wettbewerbsstruktur sind unternehmensindividuell zu betrachten. Die in Kapitel 2 vorgestellten Trendkategorien mit den jeweiligen Trends werden subsumiert im Feld Rahmenbedingungen. Dabei sind Überschneidungen zwischen den Rahmenbedingungen und den drei anderen Feldern nicht zu vermeiden. So hat zum Beispiel die Trendkategorie Politik & Märkte einen starken Einfluss auf das Feld Wettbewerbsstruktur der Trendmatrix, vor allem hinsichtlich des internationalen Wettbewerbs.

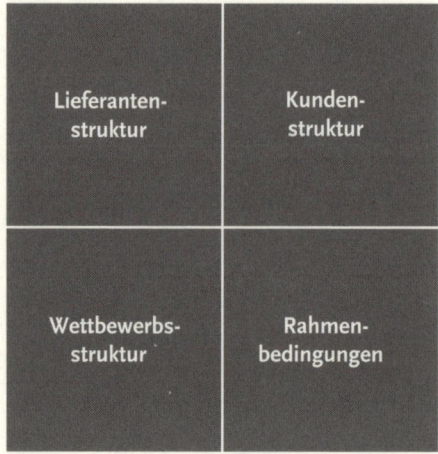

Abb. 7: Trendmatrix von Kerkhoff Consulting
Quelle: Kerkhoff Consulting

Während die Felder Lieferanten-, Kunden- und Wettbewerbsstruktur für jedes Unternehmen zu füllen sind, sind nicht alle Trendkategorien oder einzelne Trends für jedes Unternehmen zu betrachten. Die Relevanz einzelner Trends wie Cloud Computing oder Wasserwirtschaft kann daher für bestimmte Unternehmen als nicht vorhanden definiert werden und ist dann auch nicht näher zu betrachten.

Identifikation der Trends für die Trendmatrix aus Unternehmenssicht

Wie sind nun die relevanten Trends in einem systematischen Prozess zu filtern? Anhand von Fragebögen und Interviews wird im Unternehmen eruiert, wie die Einkaufsabteilung sowie weitere für den Einkauf relevante Abteilungen Trendschwerpunkte künftig erwarten und wie sie gegebenenfalls bereits heute darauf reagieren. Entscheidend sind weniger einzelne Trends als vielmehr eine Einschätzung, in welchen Trendkategorien wahrscheinliche Entwicklungen erwartet werden.

Dabei sind nicht nur die Mitarbeiter des Einkaufs einzubeziehen. Im Sinne der Supply Chain spielen Informationen aus den Bereichen Marketing, Vertrieb, Produktion und Controlling eine wichtige Rolle.

Gerade aus diesen Bereichen lassen sich viele Informationen sammeln, die eine breite Grundlage für die Auswahl der Trends bilden. Dazu zählen Kundenbefragungen oder Wettbewerbsanalysen aus dem Bereich Marketing/Vertrieb oder die Entwicklung von Kennzahlen aus dem Bereich Controlling. So lassen sich die Felder Kundenstruktur und Wettbewerbsstruktur bereits mit den ersten Trends und den damit verbundenen Informationen füllen. Zur besseren Strukturierung der Ausgangssituation im Einkauf und der bisherigen Trends ist eine Bottom-up-Analyse durchzuführen, die sich mit den wichtigsten Einflussgrößen auf den Einkaufserfolg und die Einkaufsleistung beschäftigt. Die aktuellen Ergebnisse der Bottom-up-Analyse sind allerdings nicht als statisch zu sehen, da es sich um einen iterativen Prozess handelt, sie bilden aber die Grundlage für die Auswahl und Gewichtung von Trendkategorien und Trends. Daher sollte auf Basis der Bottom-up-Analyse in regelmäßigen Abständen die Grundlage für die Trendanalyse hinterfragt und angepasst werden.

Bottom-up-Analyse des Beschaffungsmanagements

Unter diesem Begriff versteht man die vollständige Bestandsaufnahme gegenwärtiger Stärken und Schwächen des Einkaufs. Dabei wird der Einkaufsprozess beginnend mit dem Auftragseingang über den eigentlichen Wertschöpfungsprozess bis zur Auslieferung des Kundenauftrags bewertet.

Im ersten Schritt erfolgt die Stärken-Schwächen-Analyse primär auf Basis sämtlicher beschaffungsrelevanter Daten. In der Praxis variieren sowohl der Umfang als auch die Qualität der Daten. Eine Informationsliste muss daher individuell gestaltet sein. Dazu sollten neben der transparenten Darstellung aller Ausgaben, der so genannten spend analysis, auch die Einkaufskennzahlen ermittelt werden. Nicht zu vergessen sind die Logistikkennzahlen aus den Bereichen Bestand und Transport.

Neben der rein quantitativen Erhebung von Daten erweitern in einer zweiten Phase der Bottom-up-Analyse Befragungen die

Informationsbasis. Per Interview oder Fragebogen sollten Mitarbeiter von Einkaufsabteilungen sowie die Funktionsträger der Einkaufsschnittstellen die Situation einschätzen. Denn die Praxis belegt, dass häufig das Qualitätswesen, die Forschungs- und Entwicklungsabteilung, die Produktion sowie der Vertrieb zu einem nicht unerheblichen Teil die Entscheidungen des Einkaufs und damit die Effizienz der Supply Chain beeinflussen.

Umfang und Aufwand einer derartigen Befragung hängen natürlich stark von der individuellen Struktur eines Unternehmens ab. Gesprächsinhalte der Interviews können beispielsweise Einkaufsziele, operative und strategische Prozesse, Lieferantenstruktur, Lieferantenauswahl und -verhandlung, Auswahl der Beschaffungsmärkte, die Kooperation und Kommunikation mit Fachbereichen an neuen und/oder anderen Standorten, laufende/abgeschlossene Projekte im Einkauf sowie die reinen Einkaufs-Kennzahlen sein. Bei der Abgrenzung der Analysegegenstände zeigt sich, dass meistens eine Vielzahl unterschiedlicher Begrifflichkeiten existiert, die aber immer letztlich die einzelnen Bestandteile eines erfolgreichen Supply Chain Managements beschreibt.

In der Beratungspraxis haben sich für Kerkhoff Consulting neun unterschiedliche Betrachtungsfelder bzw. relevante SCM-Bestandteile herauskristallisiert, die in der Folge näher erläutert werden:

Warengruppen-management	Lieferanten-management	Global Sourcing
Prozesse	Organisation	Versorgungs-management
Einkaufs-finanzierung	Beschaffungs-controlling	Risiko-management

Abb. 8: Die neun Betrachtungsfelder einer Bottom-Up-Analyse
Quelle: Kerkhoff Consulting

Warengruppenmanagement

Industrieunternehmen setzen heute fast durchweg auf ein differenziertes Warengruppenmanagement. Unter Warengruppen versteht man das Subsumieren der Güter/Materialien/Dienstleistungen anhand von Merkmalen zu Gruppen. Als Kriterien für die Unterscheidung kommen beispielsweise Kundensegmente, Verwendungszweck, Herstellungsverfahren oder auch Produkteigenschaften in Frage. Die Segmentierung aus Sicht des Einkaufs ist eine sehr wichtige Grundlage für die Ermittlung der richtigen Strategie. In der Praxis werden allerdings Warengruppen vor allem in Richtung des Absatzes segmentiert. Auf diese Weise lassen sich Verantwortung und Erfolg im Vertrieb klar abgrenzen, Nutzen für den Einkauf bringt diese Einteilung allerdings nicht.

Warengruppenmanagement als Grundlage für die Einkaufsstrategie

Alle Produkte des medizinischen Sachmittelbedarfs sind in einem Warengruppenkatalog erfasst und systematisiert. Die Warengruppen gewährleisten Übersichtlichkeit und schaffen handhabbare Einheiten. Die Verantwortung für die Warengruppen tragen Warengruppenmanager. Jeder Warengruppenmanager führt eine oder mehrere Warengruppen in allen ökonomischen und fachlichen Fragen. Dazu zählen vor allem die Festlegung einer Warengruppen-individuellen Strategie und die Information aller Beteiligten im Konzern darüber. Nur so kann ein gemeinsames Ziel von allen verfolgt werden. Zu den weiteren Aufgaben gehören der intensive Informations- und Erfahrungsaustausch mit verschiedenen Fach- und Mitarbeitergruppen innerhalb des Konzerns wie auch die Leitung der Konzernverhandlungen mit den Geschäftspartnern.

Hervorragende Aufgabe des Warenmanagements ist es, die strategische Ausrichtung für eine Warengruppe zu zeichnen/zu definieren. Dabei sind vor allem die übergreifenden Themen wie Rohstoffentwicklungen, Beschaffungsmärkte und Umsatzentwicklungen zu betrachten. Die Interaktion mit Lieferanten in der nächsten Stufe, also die Umsetzung der Warenmanagementstrategie, ist Bestandteil des Lieferantenmanagements.

Lieferantenmanagement

Die wesentlichen Lieferanten zu identifizieren und mit ihnen eine effiziente Zusammenarbeit zu gestalten, spielt in der Beschaffung eine immer größere Rolle. Grund: Während einerseits die Beschaffungsvolumina steigen, sollen Kosten bei gleich bleibender Qualität gesenkt werden. Stellhebel sind eine geringere Anzahl Lieferanten, schlankere Beschaffungsvorgänge, aber auch Just-in-time-Lieferungen oder andere.

Das Lieferantenmanagement gliedert sich in sieben Bereiche:

a) Identifikation von Lieferanten – welche gibt es überhaupt?
b) Eingrenzung von Lieferanten – welche kommen in Frage?
c) Analyse der Lieferanten – die geeigneten werden bestimmt
d) Bewertung von Lieferanten – systematische Beurteilung auf der Basis von Kennzahlen
e) Auswahl von Lieferanten – Entscheidungen werden getroffen
f) Controlling der Lieferanten – fortlaufende Analyse der Leistungen
g) Steuerung der Lieferantenbeziehungen – Optimierung der Leistungen

Lieferantenmanagement: mit Kennzahlen Lieferanten steuern

Persönliche Beziehungen zu Lieferanten sind für viele Einkäufer der wichtigste Erfolgsfaktor für eine reibungslose Zusammenarbeit. »Flexibel und leistungsstark« sollen die Lieferanten sein und sind es nach einer ersten subjektiven Befragung von Einkäufern meistens auch. Wenn man sich dann aber objektive Kennzahlen dieser Lieferanten anschaut, kann man diese Aussagen nicht immer weiter aufrechterhalten. Liefertermintreue und Reklamationsquote liegen weit weg vom Durchschnitt und von

den Zielen des Unternehmens. Die gefühlte Flexibilität legt allzu oft einen Mantel des Schweigens über Kennzahlen.
Persönliche Beziehungen zu Lieferanten sind wichtig, sollten aber keine Entwicklungsbedarfe bei Lieferanten überdecken.

Dabei gilt es, den richtigen Lieferanten für das benötigte Produkt oder die notwendige Dienstleistung zu finden – und zwar unabhängig davon, wo dieser Zulieferer auf der Welt beheimatet ist.

Global Sourcing

Global Sourcing – das Beschaffen von Waren und Dienstleistungen auf den internationalen Märkten – ist längst Realität in der deutschen Wirtschaft. 2000 lag die allgemeine Importsumme Deutschlands bei knapp 445 Milliarden Euro. 2008 wurden nach Angaben des Statistischen Bundesamtes bereits Waren im Wert von 814,5 Milliarden Euro eingeführt. Deutsche Unternehmen beschaffen Experten zufolge mittlerweile mehr als ein Drittel des nötigen Volumens von Lieferanten in der EU oder in außereuropäischen Ländern.

Während früher der Zugang zu preisgünstigen Bezugsquellen oder auch die Diversifikation des Sortiments wesentliche Gründe für eine internationale Beschaffung waren, hat sich Global Sourcing heute zu einem wesentlichen Wettbewerbsfaktor für Unternehmen unabhängig von Branche und Umsatz entwickelt. Neben Preisvorteilen rücken immer mehr auch Qualitätsaspekte ins Zentrum strategischer Entscheidungen. Die zentralen Herausforderungen der globalen Beschaffung liegen in der geografischen Distanz zum Lieferanten. Daraus resultiert ein erhöhter Aufwand für die Steuerung und Koordination der Lieferantenbeziehung. Wesentlich für ein erfolgreiches Global Sourcing sind zudem detaillierte Kenntnisse des jeweiligen Beschaffungsmarktes und der lokalen Gegebenheiten.

Global Sourcing als Geschäftsmodell

Bei Global Sourcing denken viele Leute sofort an Asien und besonders an China. Das wird dann verbunden mit niedrigen Lohnkosten und niedriger Qualität.

Schaut man sich allerdings heute in einem Supermarkt die Obst- und Gemüseabteilung an, verbinden das nur die wenigsten Menschen mit Global Sourcing. Zwölf Monate im Jahr gibt es frische Ware, wobei die meisten Anbaugebiete heute nicht mehr in Deutschland oder Europa liegen. Ohne Global Sourcing wäre Ananas Mangelware.

Für den Einkauf des Händlers ist das eine enorme Aufgabe – Anbaugebiete verschieben sich, wenn Bauern andere Lebensmittel mit einem höheren Ertrag anbauen können, und schlechte Ernten auf einem Kontinent haben Auswirkungen auf Weltmarktpreise. Nur durch eine ständige Präsenz vor Ort lässt sich schnell reagieren und somit die Versorgung sicherstellen.

Dabei spielen die organisatorischen Voraussetzungen eine entscheidende Rolle. Prozesse und Mitarbeiter im Einkauf müssen sozusagen »Global-Sourcing-fähig« sein.

Prozesse

Immer häufiger erkennen Unternehmen, dass ein effizienter Beschaffungsprozess einen positiven Beitrag für die Wertschöpfung des Unternehmens leistet. Im Rahmen der Bottom-up-Analyse wird insbesondere der Prozess der Materialversorgung einer eingehenden Untersuchung unterzogen. Eine reine Konzentration darauf würde jedoch ein eindimensionales Bild abgeben. Somit gilt es, darüber hinaus auch das Zusammenspiel zwischen Einkauf und den einkaufsrelevanten Schnittstellen eines Unternehmens zu betrachten. Die Analyse umfasst dann ebenso etwa den Entwicklungsprozess, die Absatzplanung oder auch das Qualitätsmanagement.

Prozessoptimierung bei einem Mischkonzern

Bei einem international operierenden Mischkonzern mit einem Umsatz von 1.200 Millionen Euro und einem Einkaufsvolumen von 900 Millionen Euro haben sich in den vergangenen Jahren sehr unterschiedliche Prozesslandschaften entwickelt. Das Unternehmen möchte dies ändern, da es zwischenzeitlich über 15 Standorte weltweit verfügt und die Prozesse global abgleichen will.

In einem ersten Schritt werden alle 15 externen Standorte untersucht und die unterschiedlichen Prozesslandschaften dargestellt und visualisiert. Nach einem internen und externen Benchmarking kann ein Katalog von Maßnahmen aufgestellt werden, der zur Optimierung der Prozesskette führen soll. Im Anschluss wird ein standortübergreifender Projektplan aufgestellt, dem Roadshows an den verschiedenen Standorten folgen. Auf diesen Roadshows können die Mitarbeiter an die neuen Prozessabläufe herangeführt werden.

Organisation

Wird die Organisation der Beschaffung analysiert, heißt das: Die vorhandenen Strukturen einer Einkaufsabteilung, die Verteilung von Kompetenz- und Handlungsbefugnissen sowie die Definition von Rollen und Pflichten werden geprüft. Darüber hinaus gilt es, nicht nur die Aufbauorganisation des Einkaufs selbst unter die Lupe zu nehmen, sondern auch die Verankerung innerhalb der gesamten Unternehmensorganisation.

Organisationsumbau bei einem Werkzeugbauer

Ein Werkzeugbauer mit einem Einkaufsvolumen von 120 Millionen Euro hat durch das enorme Wachstum der vergangenen Jahre eine dezentrale Einkaufsstruktur, die in einem ersten Schritt zentralisiert werden soll. Neben dem Hauptstandort wurden drei mitteleuropäische Standorte in die Analyse mit einbezogen. Für die Untersuchung wurden zuerst die allgemeinen Kennzahlen der Beschaffung aufgenommen. Anschließend wurden die Struktur sowie die Kernprozesse analysiert und anhand dieser Daten wurde ein Zukunftsmodell für die Gruppe entwickelt. Es sollte eine zentral gesteuerte Lead-Buyer-Struktur mit hoch qualifizierten Mitarbeitern erarbeitet werden. Für diese Mitarbeiter wurden Stellenprofile erarbeitet. Das Projekt wurde zentral präsentiert und in seiner Einführungsphase im gesamten Unternehmen von Kerkhoff Consulting begleitet.

Versorgungsmanagement

Fehlt in der laufenden Produktion auch nur ein Bauteil, kann dies verheerende Folgen haben. Ein zukunftsorientiertes Einkaufsmanagement umfasst somit neben dem sorgfältigen Blick auf Beschaffungsmärkte sowie auf die eigenen Strukturen und Abläufe stets auch die Logistik. Das umfasst die Beschaffungslogistik, die Produktions- bzw. innerbetriebliche Logistik, die Distributionslogistik sowie das Bestandsmanagement. Diese unterschiedlichen Facetten der Logistik werden mit dem Begriff »Versorgungsmanagement« zusammengefasst: Ziel des Versorgungsmanagements ist es, den Güter- und Leistungsfluss im Unternehmen sowie gegenüber Kunden und Lieferanten so effizient wie möglich zu gestalten. Die Bewertung des Versorgungsmanagements im Rahmen der Bottom-up-Analyse legt Stärken und Schwächen der Logistik offen.

Neustrukturierung des Versorgungsmanagements

Ein Stoffproduzent mit eigener Ladenkette in Indien wies gleich drei zentrale Probleme im Bereich Logistik und Bestand auf:

- schlechtes Serviceleben in der Belieferung der einzelnen Outlets,
- fehlende Kapazitäten für die Lagerung von Rohstoffen und
- hohe Intralogistikkosten.

Vor einer Investition in neue Lager sollte eine Make-or-Buy-Analyse inklusive Definition optimaler Lagerstandorte die Grundlage für eine optimale Entscheidung schaffen. Dafür wurden:

- eine zentrale Datenbank aufgebaut,
- Service-Level-Anforderungen an die Ladeninhaber definiert,
- Third-Party-Logistics(3PL)-Anbieter identifiziert,
- die Warenströme analysiert,
- die Lagerkapazitäten analysiert,
- Investitionen in eigene Lager berechnet,
- Standorte analysiert und
- bei 3PL-Anbietern angefragt.

Einkaufsfinanzierung

Verschärfte Wettbewerbssituation, geringes Wirtschaftswachstum und geringer werdende Deckungsbeiträge zwingen Unternehmen, neue Optimierungspotenziale zu erschließen. In diesem Zusammenhang interessant: Der Einkauf ist unter anderem auch für einen Großteil der Geld- und Finanzströme eines Unternehmens verantwortlich, entsprechend rücken Ansätze zur Optimierung in den Mittelpunkt strategischer Handlungen. So wirkt sich beispielsweise die Abstimmung von Zahlungszielen auf der Lieferantenseite mit den zu erwartenden Zahlungseingängen auf der Kundenseite positiv auf den Cashflow aus. In Branchen mit hohem Anteil an Vorfinanzierung wie beispielsweise der Nahrungsmittelindustrie ist dieses Zusammenspiel ein entscheidender Einflussfaktor für die Unternehmensliquidität.

Optimierung der Beschaffungsfinanzierung

Bei einem Dienstleistungsunternehmen mit elf Standorten in Europa und einem Einkaufsvolumen von 320 Millionen Euro wurden im Rahmen einer Potenzialanalyse beim manuellen Abgleich der Kreditorendaten stark abweichende Zahlungsbedingungen bei gleichen Lieferanten in verschiedenen Gesellschaften und innerhalb von gleichen Warengruppen festgestellt. Ziel war die

- Angleichung der Zahlungsbedingungen,
- Abfrage der Umsatzsteuer-ID,
- Aufnahme in alle Systeme,
- Definition einheitlicher Zahlungsbedingungen für Warengruppen.

Beschaffungscontrolling

Das Beschaffungscontrolling ist eine besondere Form des Controllings. Es werden einkaufsrelevante Kennzahlen generiert, um Aktivitäten steuern zu können. Das Beschaffungscontrolling erfasst alle Prozesse zur Versorgung des Unternehmens mit Rohstoffen, Waren oder Maschinen. Die Relevanz von Kennzahlen im Einkauf variiert je nach Branche, Marktsegment, Organisationsform des Unternehmens sowie entsprechend der Grundausrichtung und dem Verantwortungsbereich des Einkaufs. Das Beschaffungscontrolling ist zwingende Voraussetzung für die Identifikation von Kostentreibern über die gesamte Supply Chain hinweg und stellt somit zugleich die Grundlage für sich anschließende Optimierungswege dar.

Beschaffungscontrolling initiiert

Ein Handelsunternehmen mit einem Umsatzvolumen von 2.000 Millionen Euro hat wegen nicht einheitlicher Warengruppenstruktur in verschiedenen Divisionen bisher kein übergreifendes Controlling. Zentrale Ziele für die Einkaufsleistung konnten so nicht gesteuert und nachgehalten werden.

In einem Projekt wurden eingangs übergreifende und einheitliche Warengruppenstrukturen konstruiert und eine Merkmalsliste auf Warengruppenebenen zur Artikelbeschreibung eingeführt. Die bestehenden Daten wurden in die neue Struktur eingegeben und im Anschluss wurde eine Reportingstruktur definiert und aufgestellt. Abschließend wurde nach der Implementierung von KPI (Key Performance Indicators) in SAP die Generierung von Standard- und Sonderreports (SAP BW) ermöglicht.

Risikomanagement

Einkaufen ist das Managen komplexer Teilprozesse, von denen jeder für sich einem spezifischen Risiko unterliegt. Aufgabe des Risikomanagements bei der Beschaffung ist es, eine angemessene Kombination von Maßnahmen zur Risikoabsicherung zu erreichen. Ziel ist eine größtmögliche Unternehmenssicherheit. Letztlich gilt es, potenzielle Beschaffungsrisiken systematisch und unternehmensindividuell zu identifizieren, zu klassifizieren und zu analysieren. Aufbauend auf einem spezifisch entwickelten Risikomanagement-System sollen in der Folge dann konkrete Handlungsoptionen zur Optimierung der Risikosituation abgeleitet werden.

Risikomanagement ernst genommen

Während eines Umsetzungsprojektes zeigte sich bei einem Metall verarbeitenden Unternehmen mit 400 Millionen Euro Jahresumsatz und einem Einkaufsvolumen von 280 Millionen Euro eine starke Abhängigkeit von einzelnen Lieferanten in der Warengruppe XY. Der Ausfall einzelner Lieferanten hätte kurzfristig nicht kompensiert werden können.
So wurde das Projekt um das Teilprojekt Risikomanagement erweitert mit dem Ziel,

- Alternativszenarien zu erforschen und
- Notfallpläne zu entwickeln.

Dafür wurden eine Risikokarte aufgestellt, die Artikel-Lieferantenzuordnung geclustert und interne Bewertungen der Lieferanten abgegeben. Zudem wurden Preismodelle vereinheitlicht und Informationen über die Lieferantenselbstauskunft gesammelt. Aus all diesen Informationen konnten zielführende Einsichten für alternative Szenarien gewonnen werden.

Die Ergebnisse der hier vorgestellten Betrachtungsfelder der Bottom-up-Analyse bilden den beschaffungsrelevanten Bezugsrahmen für die zu entwickelnde, mit der Top-down-Analyse zu kombinierenden Trendmatrix.

Entwicklung der Kerkhoff Consulting Trendmatrix

Um einen umfassenden Blick auf die Faktoren zu erhalten, die den Einkauf in Unternehmen tangieren, müssen die allgemeinen Trends in den Feldern Märkte/Politik, Personal, Ökologie, Technologie/Kommunikation, Gesellschaft mit den nachfolgenden direkt abhängigen Beschaffungsparametern einer tiefgehenden Betrachtung unterzogen werden. Nur dann lassen sich in Kombination mit verschiedenen anderen Analysemethoden solide Zukunftsaussagen, sprich Szenarien, zur Beschaffungslage in 10 oder 20 Jahren machen beziehungsweise entwickeln:

- **Lieferantenstruktur:** Lohn- und Kapitalintensität der Fertigung, Grad der Fertigungstiefe, Konzentrationsrate, technologischer Standard/Innovationsgrad, Kapazitäten (Auswahl der Aspekte)
- **Kundenstruktur:** Abnehmerkonzentration, logistische Anforderungen/Zulieferkonzepte, Grad der Wertschöpfungstiefe, Kapazitäten, Preisempfindlichkeit (Auswahl der Aspekte)
- **Wettbewerbsstruktur:** Wettbewerbsstrategie (Nische, Qualitäts- und Kostenführerschaft), Konzentrationsrate, Innovationsgrad (Auswahl der Aspekte)

Aufbauend auf der Top-down-Analyse hat Kerkhoff Consulting die Trendmatrix mit den Trendkategorien sowie den entsprechenden wichtigsten Trends in einer Vierfeld-Matrix kombiniert. Nach erfolg-

Lieferantenstruktur	Kundenstruktur
u. a. Lohn- und Kapital-intensität der Fertigung, Grad der Fertigungstiefe, Konzentrationsrate, Innovationsgrad, Kapazitäten	u. a. Abnehmer-konzentration, Zuliefer-konzepte, Grad der Wertschöpfungstiefe, Kapazitäten, Preisempfindlichkeit
Wettbewerbsstruktur	**Rahmenbedingungen**
u. a. Wettbewerbsstrategie (Nischenstrategie, Qualitäts- und Kosten-führerschaft), Konzentrationsrate, Innovationsgrad	u. a. Währungsrisiken, volkswirtschaftliche Ent-wicklung, Natur- und Umweltschutz, Demo-grafie und Lebensstile, technologischer Wandel, Gesetzgebung

Abb. 9: Trendmatrix
Quelle: Kerkhoff Consulting

ter Bottom-up-Analyse werden die allgemeinen Trends im Feld Rahmenbedingungen mit den neun Betrachtungsfeldern der Bottom-up-Analyse abgeglichen, um vor allem die einkaufsrelevanten Aspekte nunmehr zu fokussieren.

Die Erkenntnisse der bisherigen Analysen beschreiben in diesem Stadium verschiedene Strömungen und Veränderungen, die mehr oder minder stark ausgeprägt relevant für den Einkauf sind. Es können sowohl Trendsignale sein, die größere Veränderungen auslösen könnten, oder auch »Emerging Trends« sowie De-facto-Trends, die bereits beobachtbar sind und die einen zeitlich stetigen Verlauf vermuten lassen. In der Abbildung ist beispielhaft die Relevanz von Trends im Feld der allgemeinen Rahmenbedingungen der KC-Trendmatrix auf die neun Betrachtungsfelder der Bottom-up-Analyse dargestellt. So hat der Trend Wertewandel und Individualisierung der Trendkategorie »Gesellschaft« vor allem Relevanz für das Warengruppenmanagement eines Unternehmens. Die Strategien in den einzelnen Warengruppen des Unternehmens hinsichtlich der Beschaffungsmärkte und Lieferantenstruktur sind zu hinterfragen und anzupassen. So müssen neue Lieferanten gefunden werden, die auf die Ausbringung von kleineren Stückzahlen spezialisiert sind,

Trend-kategorie	Trend	Warengruppen-management	Lieferanten-management	Global Sourcing	Prozesse	Organisation	Supply Chain	Einkaufs-finanzierung	Beschaffungs-controlling	Risiko-management
Gesellschaft	Demografischer Wandel				■	■	■		■	
	Wertewandel & Individualisierung	■	■						■	
	Globalisierung & Mobilität		■	■				■		
	Gesellschaftsstruktur	■	■				■			
Märkte & Politik	Multipolare Welt	■								■
	Komplexes internationales System	■								■
	Vernetzte Welt	■			■					
	Kampf um Rohstoffe	■					■	■		
	Gesellschaftliches Engagement von Firmen			■						
Ökologie	Nachhaltige Wasserwirtschaft	■						■	■	
	Kreislaufwirtschaft	■		■	■					
	Land- und Wasserwirtschaft		■		■					
	Energie und -speicherung	■	■			■				
	Energieeffizienz					■	■			
	Rohstoff- und Materialeffezienz	■	■							
Technologie	Connectivity	■								
	Miniaturisierung			■						
	Customization				■	■				
	Cloud Computing	■			■					
	NBIC-Werkstofftechnik							■	■	
Personal	Strategisches Kompetenzmanagement globaler Mitarbeiterressourcen	■				■				
	Gezielte Bildung von Leistungsträgern	■				■				
	Identifikation und Förderung von Talenten					■				
	Einsatz von aktiveren Rekrutierungsstrategien	■								
	Implementierung von globalen Lernarchitekturen				■					
	Führungskräfte als Werte- und Prozessmanager	■			■			■		

Abb. 10: Trendübersicht für die Betrachtungsfelder
Quelle: Kerkhoff Consulting

damit einzelne, individuelle Kundenwünsche schneller und kostengünstiger bedient werden können.

Die Bedingungen dürfen bei der Übertragung auf eine besondere Unternehmenssituation darüber hinaus nicht singulär betrachtet werden. Tatsächlich besteht in der Realität eine starke Interdependenz etwa zwischen neuen Rahmenbedingungen und betrieblichem Handeln. Das heißt: Die gesetzliche Förderung beispielsweise von erneuerbaren Energien über das Erneuerbare-Energien-Gesetz hat in Deutschland zu einem Boom von Solaranlagen zwischen 2000 und 2009 geführt. Da parallel weltweit die Produktion von Solaranlagen zunahm, wurde der für die Solarzellen elementar nötige Rohstoff Silicium knapp und damit teuer. Die Folgen der neuen Rahmenbedingungen zeigen sich aber nicht nur in Form von Preisaspekten (durch das Überangebot), sondern auch in Form von noch effektiveren Solaranlagen (durch die weltweite Forschung vieler Hersteller); und somit wird der Rahmenbereich Technologie beeinflusst. Entsprechend müssen Trendkategorien in Bezug auf ein einzelnes Unternehmen ausgewählt, gewichtet und vernetzt werden.

Trendkategorien auswählen

Durch die durchgeführte Bottom-up-Analyse entsteht ein transparentes Bild über die aktuelle Einkaufssituation in einem Unternehmen und die Gründe dafür aus der Historie. Besonders hinsichtlich der Felder Lieferanten-, Kunden- und Wettbewerbsstruktur lassen sich so erste Trends isolieren und damit eine Fokussierung durchführen. Kennzahlen wie Lieferantenanzahl in Warengruppen in Kombination mit Artikelanzahl sowie Informationen des Einkaufs wurden dazu aufbereitet.

Ergänzt werden können diese Informationen aus anderen Abteilungen des Unternehmens. Marketing und Vertrieb geben hohe Etats für die Befragung von Kundenstrukturen und für Wettbewerbsanalysen aus. Leider werden diese Informationen nur selten für den Einkauf und dessen Strategie genutzt. Durch die Zusammenführung der verschiedenen Informationen können so kurzfristig die für das Unternehmen relevanten Trends identifiziert werden.

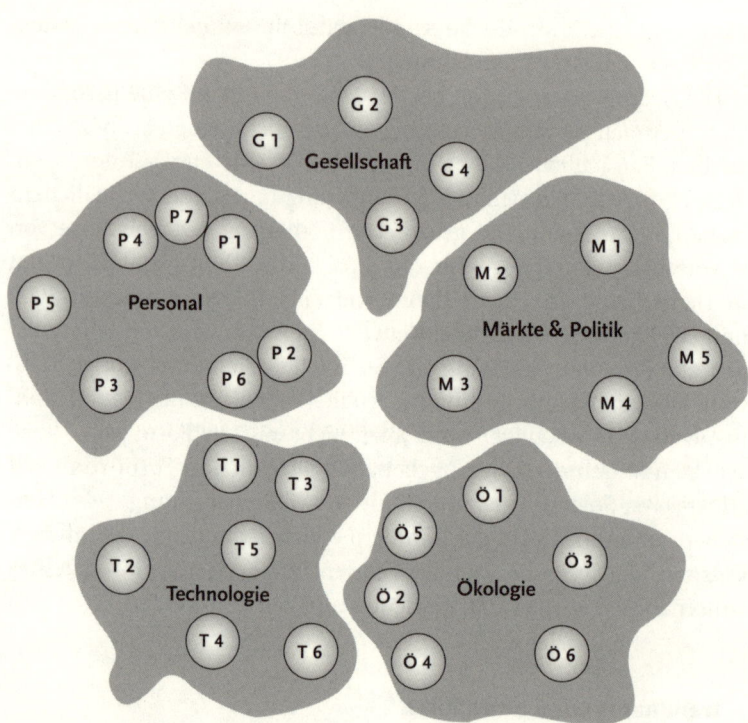

Abb. 11: Übersicht aller Trends im Bereich
der allgemeinen Rahmenbedingungen
Quelle: Kerkhoff Consulting

Trendkategorien gewichten

Die als relevant eingestuften Trendkategorien und Trends (in der
Abbildung beispielhaft mit G1 bis G4, M1 bis M5 usw. benannt) für
das Unternehmen werden im zweiten Schritt nach ihrem Einfluss
sortiert. Der mögliche Einfluss auf die Einkaufsaktivitäten muss im
Rahmen eines Workshops diskutiert und bewertet werden. Dabei
kann auch eine zeitliche Einordnung der Trends bezogen auf die
Auswirkungen erfolgen.

Trendkategorie	Trend	Relevant	wenn relevant: Einflussgröße					
			niedrig	1	2	3	4	5 hoch
Gesellschaft	Demografischer Wandel							
	Wertewandel & Individualisierung							
	Globalisierung & Mobilität							
	Gesellschaftsstruktur							

Abb. 12: Auswahl und Gewichtung von Trends (Auszug)
Quelle: Kerkhoff Consulting

Trendkategorien vernetzen

Der gegenseitige Einfluss von Trends ist immer signifikant und muss auch im Rahmen einer Extrapolation betrachtet werden. Technologische Entwicklungen haben schnell auch Auswirkungen auf Gesellschaftstrends oder ökologische Trends.

Trendkategorie	Gesellschaft				Märkte & Politik				
Trend	Demografischer Wandel	Wertewandel und Individualisierung	Globalisierung und Mobilität	Gesellschaftsstruktur	Multipolare Welt	Komplexes int. System	Vernetzte Welt	Kampf um Rohstoffe	Gesell. Engagement von Firmen
Gesellschaft — Demografischer Wandel									
Wertewandel und Individualisierung									
Globalisierung und Mobilität									
Gesellschaftsstruktur									
Märkte und Politik — Multipolare Welt									
Komplexes int. System									
Vernetzte Welt									
Kampf um Rohstoffe									
Gesellschaftl. Engagement von Firmen									

Abb. 13: Trendkategorien
Quelle: Kerkhoff Consulting

Die gegenseitige Abhängigkeit von einzelnen Trends lässt sich am besten in einer Matrix darstellen. Wenn eine gegenseitige Abhängigkeit festgestellt wird, muss diese in der weiteren Betrachtung berücksichtigt werden.

Die Trend-Vernetzungen sind daher die erste Grundlage für Szenarien, die man sich im nächsten Schritt genauer anschaut. Durch die Vernetzung der Trends entstehen aktuelle Rahmenbedingungen, durch die Extrapolation dieser Trends zukünftige Rahmenbedingungen, die als ein mögliches Szenario Einfluss auf den Einkauf haben werden.

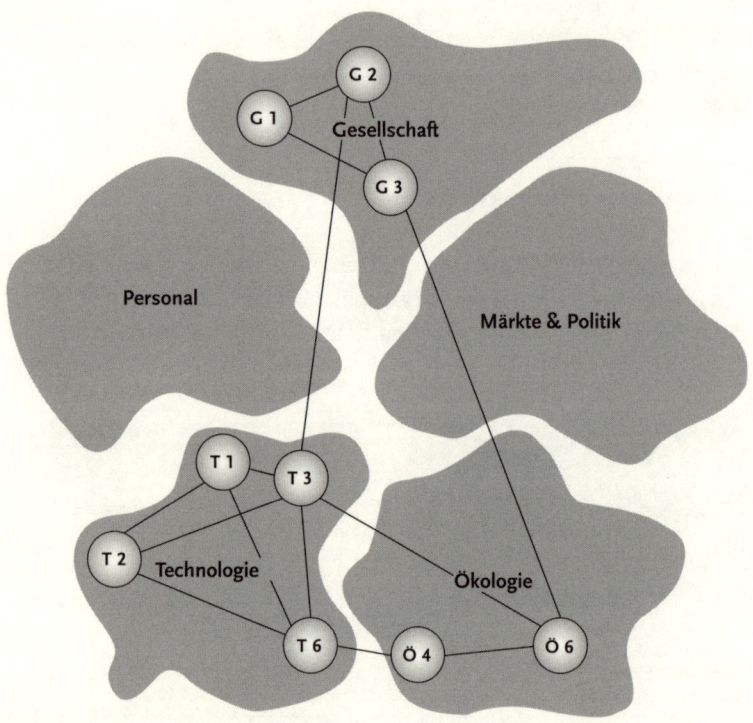

Abb. 14:   Die nach der Relevanzprüfung übrig gebliebenen Trends bilden ein für die Branche/ das Unternehmen typisches Netzwerk und somit die Grundlage für eine Szenarioerstellung. Quelle: Kerkhoff Consulting

Entwicklung von Szenarien

Ziel des vorletzten Schrittes im Rahmen der Methodenlehre für Beschaffungsprognosen ist es, alternative Zukunftsszenarien zu entwickeln und damit Fragen hinsichtlich der strategischen Ausrichtung in der Zukunft zu beantworten. Dabei bilden die in unserer Methodenlehre skizzierten Schritte eins bis drei die Aufgaben- und

Problemanalyse sowie die Einflussanalyse ab. In Schritt vier erfolgen die Trendextrapolation und darauf aufbauend die Ermittlung sowie Interpretation der Szenarien. Die Bewertung liefert letztlich in Schritt fünf Handlungsempfehlungen für die Einkaufsabteilungen von Unternehmen.

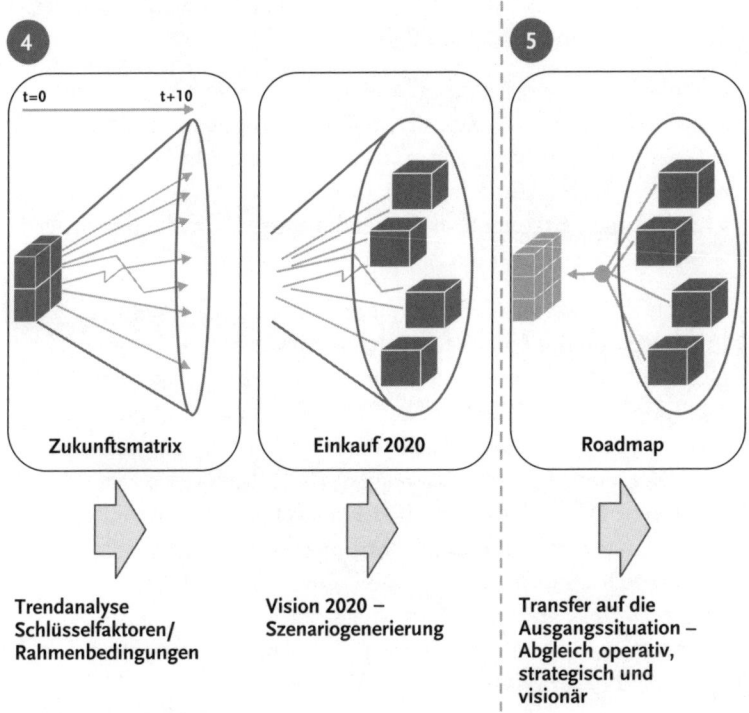

Abb. 15: Trendexploration
Quelle: Kerkhoff Consulting

Die Szenario-Technik wurde bewusst als Teil der Methodenlehre gewählt. Durch die Szenario-Technik lassen sich branchenspezifische Modelle entwickeln, die von einem festen Zustand in der Zukunft ausgehen und die Auswirkungen auf den Einkauf sehr deutlich darstellen lassen. Prognosetechniken wie Trendanalyse und Trendextrapolation, Relevanzbaumverfahren, Analogietechniken, Expertenbefragungen oder Kreativitätsmethoden werden dabei unterstützend eingesetzt.

Hintergrund: Szenario-Technik

Ursprünglich mit militärischen Wurzeln in den 50er Jahren des 20. Jahrhunderts, wird die Szenario-Technik heute bei vielen ökonomischen und gesellschaftlichen Fragen eingesetzt. Letztlich verbirgt sich hinter der Technik eine Methode der Strategischen Planung. Wichtige Anwendungen sind:

- Vorbereitung von Entscheidungen etwa bezogen auf Technologieentwicklung, Geschäftsmodelle oder Marktentwicklungen,
- Orientierung hinsichtlich zukünftiger Entwicklungen,
- Strategieentwicklung und -überprüfung,
- frühzeitiges Erkennen von Veränderungsmöglichkeiten durch Sensibilisierung für die Zukunft.

Wichtig zu wissen: Eine deutliche Abgrenzung besteht zur Prognose, mit der eine Weiterführung der heutigen Situation geleistet wird. Szenarien hingegen versuchen auf Basis von Entwicklungspfaden Modelle zu beschreiben. Dabei sind vier Annahmen zu beachten. Zukunftsszenarien sind erstens aus Erfahrungen, Daten und Erkenntnissen ableitbar. Zukunft ist zweitens »evolutiv«. Die Welt entwickelt sich also chaotisch, unkontrolliert und zufällig weiter, allerdings ohne anzuhalten oder eine komplett neue Richtung einzuschlagen. Ein Szenario bezieht sich drittens immer auf einen Ausgangszustand, der klar definiert werden muss, und bildet dann verschiedene Ausprägungen der Zukunft ab. Viertens ist Zukunft gestaltbar.

Die Trendextrapolation

Wurde also anhand der KC-Trendmatrix ermittelt, welche Ausgangssituation für eine Branche oder ein Unternehmen besteht, erfolgt die Weiterführung der Trends: die Trendextrapolation. Dabei werden unter anderem folgende Fragen beantwortet: Mit welchen speziellen Entwicklungen ist zu rechnen? Welche Rahmenbedingungen sind zu erwarten? Bestehende Trends können unter Berücksichtigung von abhängigen Variablen »verlängert« werden. Ein Beispiel sind die Entwicklungen von Bruttoinlandsprodukten von Ländern. Anhand der Wirtschaftsentwicklung, der Entwicklung der Bevölkerungszahl und anderer Variablen lassen sich so zukünftige Entwicklungen bestimmen. So entsteht ein »Zukunftsraum«, der in der Folge mit Auswirkungen für den Einkauf unterlegt werden kann.

WildCards

Zu beachten sind so genannte »Zukunfts-WildCards«, also Einflüsse eines einzelnen Bereiches der KC-Trendmatrix mit umfangreichen Folgen für alle Bereiche. Diese »WildCards« bilden gleichsam die Grundlage für unterschiedliche Szenarien. Ein Beispiel aus dem Bereich Märkte/Politik könnte die Isolation eines Wirtschaftsraums sein mit Handelssanktionen bis zur Aussetzung von Handel. Je nach Branche kann das einschneidende Auswirkungen auf ein Unternehmen haben und im Speziellen auf den Einkauf. Nimmt man als Beispiel eine Einzelhandelskette, bei der heute rund 20 Prozent der »Nonfood«-Waren aus Asien und insbesondere aus China kommen, könnte etwa eine Grenzschließung durch eine neue, antikapitalistische Regierung in China immense Folgen haben. WildCards könnten aber auch Gesetzesänderungen, Ausfall von Lieferanten, rapide knapper werdende Rohstoffe oder eine sprunghafte Nachfragereduktion sein. Die Auseinandersetzung mit solchen WildCards bietet jedem Einkauf die Chance, vor allem sein Risikomanagement genauer zu betrachten. Planbar sind die WildCards in den seltensten Fällen, daher ist ein schnelles Handeln immens wichtig.

Einkauf 2020 – mögliche Szenarien

Basierend auf der Extrapolation einzelner Trends ergeben sich somit Zukunftsräume, die unter einzelne Mottos zusammengefasst werden können. Ein Beispiel könnte sein: mit Solarenergie an die Spitze. Daraus resultiert für den Einkauf die Konzentration auf einen neuen Beschaffungsmarkt Sahara. Durch das Angebot von Energie und die Verfügbarkeit dieser werden sich mit großer Wahrscheinlichkeit Unternehmen mit energieintensiven Produktionsverfahren dort ansiedeln. Ein solcher Zukunftsraum würde Trends aus dem Bereich Technologie, Politik, Ökologie und Lieferantenstruktur vernetzen.

Dabei zeigt sich, welche Effekte einkalkuliert werden müssen, wenn etwa künftige Handelseinschränkungen drohen, nicht regenerative Rohstoffe knapper werden, wenn statt Massenproduktion eine kundenindividuelle Fertigung nötig wird. Fast alle Szenarien spiegeln keinen abrupten Wandel wider, in der Regel haben Unternehmen durchaus Zeit, sich auf die Zukunft vorzubereiten. In einem weiteren Schritt besteht die Möglichkeit, die Szenarien mit einer Eintrittswahrscheinlichkeit zu belegen. Eine solche Kategorisierung hilft bei der Erstellung eines Maßnahmenkataloges, einer Roadmap für den Einkauf.

Eine Roadmap für den Einkauf

Alle bis zu diesem Zeitpunkt durchgeführten Analysen und Ableitungen müssen sich am Ende in der kurz- und mittelfristigen Strategie des Einkaufs wiederfinden. Grundlage für die Strategien bildet die Bottom-up-Analyse, also die aktuelle Ausgangssituation des Einkaufs, die in Schritt zwei vorgestellt wurde. Die Szenarien lassen sich, wie bei der Bottom-up-Analyse, auf die neun Betrachtungsfelder zur Darstellung einer Einkaufsleistung herunterbrechen. So haben die Szenarien, also die Zukunft, z.B. Auswirkungen auf Prozesse oder Organisationsstrukturen, auf das Warengruppen- und Lieferantenmanagement und auf alle anderen Betrachtungsfelder. Beispiele dafür finden Sie im nächsten Kapitel anhand von Szenarien für verschiedene Branchen.

Kurzfristige und mittelfristige Maßnahmenkataloge sind zu erstellen als Vorbereitung auf die zukünftigen Herausforderungen. Das gilt für die sich stetig entwickelnden Trends, aber auch im Sinne von Notfallplänen für spontane Veränderungen (WildCards). Hier ist das Risikomanagement von Unternehmen bedeutsam, das für Einkaufsabteilungen ein Muss sein sollte. So hat sich z.B. in den letzten drei Jahren ein Wettlauf um Rohstoffe entwickelt – besonders bezogen auf metallische, sich nicht erneuerbare Rohstoffe wie Eisenerz als Grundlage für Stahl oder Legierungsstoffe (Nickel) für Spezialstähle.

Solche Entwicklungen müssen durch ein proaktives Risikomanagement vonseiten der Einkaufsabteilungen erkannt und durch eine gezielte Reaktion beantwortet werden. Die Trendanalyse hilft dabei, durch die Beschäftigung mit der Zukunft mögliche Risikofelder zu identifizieren und somit in das Bewusstsein der Handelnden zu bringen.

Eine besondere Rolle spielt bei der Rückkopplung von Szenarien das Betrachtungsfeld Organisation, aus den Szenarien ergeben sich immer auch neue und zu erwartende Aufgaben für Mitarbeiter im Einkauf. Dabei muss die bestehende Qualifikationsstruktur überprüft und gegebenenfalls angepasst werden.

Kapitel 4
Die Einkaufsagenda 2020:
Von der Theorie zur Praxis

Theorie ist das eine – und die unternehmerische Praxis das andere.
Nach der Einführung in die grundlegende Methodenlehre des voran-
gegangenen Kapitels sollen in diesem Kapitel beispielhaft Branchen
und deren Entwicklung samt der zukünftigen Gestaltung der Beschaf-
fungsaktivitäten vorgestellt werden. Nach einer eingehenden Analyse
der Ist-Situation in den Feldern allgemeine Rahmenbedingungen, Lie-
feranten-, Kunden- und Wettbewerbsstruktur wird die KC-Trendmatrix
im Hinblick auf die relevanten Bereiche entwickelt. Auf den Abgleich
der Ist-Situation mit der KC-Trendmatrix folgen dann in einem Fazit
nachvollziehbare Zukunftsszenarien für die vorgestellten Branchen.

Wer über Zukunftsszenarien nachdenkt, muss sich eines vor
Augen führen: Welche Branche auch analysiert wird, jede Einkaufsabteilung muss die individuellen Trends, die ihr Unternehmen
betreffen könnten, beobachten und die daraus resultierenden Entwicklungen immer wieder auf ihre Aktualität hin überprüfen. Denn
»es ist nichts beständiger als die Unbeständigkeit« formulierte
schon der Philosoph Immanuel Kant vor mehr als 200 Jahren.
Zudem gilt: Wer Wandel, Veränderungen sowie künftige Entwicklungen nicht antizipiert, geht das hohe Risiko ein, Selbstständigkeit
und unternehmerische Handlungsfreiheit zu verlieren. Vielmehr
gilt es, Fakten stets zu hinterfragen und Trends immer wieder einer
ständigen Prüfung zu unterziehen. Beispielhaft wurde die Trendmatrix von Kerkhoff Consulting (KC-Trendmatrix) auf die folgenden
Wirtschaftsbereiche angewandt:

- Produktionsunternehmen (Beispiel Möbelindustrie),
- Handelsunternehmen (Beispiel Baumärkte),

Einkaufsagenda 2020. Gerd Kerkhoff
Copyright © 2010 WILEY-VCH Verlag GmbH & Co. KGaA, Weinheim
ISBN: 978-3-527-50501-2

- Dienstleistungsbranche (Beispiele Versicherungen, Gastronomie/Hotellerie und Gesundheitswesen),
- Maschinen- und Anlagenbau (Beispiel Fluidindustrie).

Die Möbelindustrie heute und morgen

Die deutsche Holz- und Möbelindustrie blickt auf eine lange Tradition zurück und hat sich trotz industrieller Weiterentwicklung einen typisch mittelständischen Charakter bewahrt. Möbeltischlereien fertigen seit Jahrhunderten Möbel zum Schlafen, Kochen oder Sitzen für Menschen. In der Mitte des letzten Jahrhunderts entstand aus diesen Manufakturen in Deutschland eine Möbelindustrie. Standardprodukte werden seither am Fließband produziert, auf Basis eines Kundenauftrages oder als Mitnahmemöbel direkt für Endkunden gefertigt, verpackt und verschickt. Die Produkte der Hersteller unterscheiden sich dabei nach zwei Kategorien: Design und Qualität. Neben kostengünstigen Mitnahmemöbeln werden innovative, qualitativ hochwertige Designermöbel produziert und verkauft. Basis für fast alle Möbel ist häufig die Spanplatte, die beschichtet, lackiert oder mit Furnierholz beklebt wird.

Allgemeine Rahmenbedingungen

Im unteren Preissegment haben die günstigen Produktionskosten in Osteuropa und Asien in den letzten Jahren dazu geführt, dass eine Reihe von Unternehmen ihre Produktion in Deutschland schließen mussten. Andere Unternehmen mit höherpreisigen Waren konnten dank ihres Vorsprungs bei Fertigungstechniken, Qualität oder im Design ihre Marktanteile national und international ausbauen. Besonders im Hochpreissegment sind deutsche Unternehmen Exportmeister. Doch der Druck wächst auch hier. Immer mehr Spanplattenwerke werden weltweit gebaut, die dann in Niedriglohnländern Produzenten mit Ware versorgen. Mit dieser neuen Möbelindustrie wachsen lokale Zulieferbetriebe, die in Zukunft auch als Zulieferer für die deutsche Möbelindustrie in Frage kommen.

Lieferantenstruktur

Bereits heute werden viele lohnintensive Möbel oder Bestandteile in Niedriglohnländern hergestellt. Dieser Trend bleibt voraussichtlich bestehen. Dadurch wird sich die Anzahl der Lieferanten hierzulande weiter verringern. Diese Konsolidierung erfolgt durch den Zusammenschluss von Lieferanten, vor allem aber durch Geschäftsaufgaben und Insolvenzen. Allerdings schließt die Produktion in Niedriglohnländern nicht aus, dass Abteilungen wie Design, Marketing oder Kundenmanagement auch weiterhin in Deutschland präsent sind. Schließlich lässt sich ein direkter Kontakt zum Kunden nur vor Ort aufrechterhalten – beispielsweise durch ein Designzentrum. Der Kunde hat also weiterhin einen Ansprechpartner vor der Tür bei gleichzeitig günstigen Produktionskosten.

Kundenstruktur

Möbel sind ein wichtiges Element für den Ausdruck des persönlichen Geschmacks im eigenen Heim. Wegen der Vielzahl von Stilrichtungen, die eine starke Individualisierung der Gesellschaft widerspiegeln, müssen Hersteller heute allerdings eine hohe Bandbreite von Angeboten abdecken. Neben der gewünschten Vielfalt sind Design und Funktionalität die Hauptauswahlkriterien beim Kauf von Möbeln. Diese Kundenwünsche spiegeln sich in den Einrichtungshäusern wider. Früher waren das von der Fläche her eher kleine Geschäfte in den Städten mit einer überschaubaren Auswahl an Produkten für die Verbraucher. Heute liegen »MegaMöbelCenter« auf der grünen Wiese und bieten eine immense Anzahl an Möbeln für alle Altersklassen und Geschmacksrichtungen.

Wettbewerbsstruktur

Die Möbelindustrie erwirtschaftete im Jahr 2007 einen Umsatz von 19,5 Milliarden Euro und damit 5,9 Prozent bzw. 1,1 Milliarden Euro mehr als im Jahr 2006. Getragen wurde die Entwicklung in erster Linie von einem um rund 18 Prozent besseren Auslandsgeschäft. Insgesamt hat sich der Umsatz der deutschen Möbelindustrie in den vergangenen Jahren auf einem geringen Niveau stabilisiert – allerdings ist gleichzeitig die Anzahl der Hersteller in Deutschland gesunken. 2008 gab es in Deutschland rund 1.000 Möbel produzierende Industrieunternehmen. Die Branche beschäftigte insgesamt 103.180 Mitarbeiter.

Trendentwicklung

Betrachten wir die KC-Trendmatrix, wird die Möbelindustrie in Zukunft beeinflusst durch die Bereiche

- Gesellschaft,
- Technologie,
- Ökologie,
- Personal.

Trends, die die Gesellschaft von morgen beeinflussen:

- demografischer Wandel
- Mobilität (häufiger Wechsel des Wohnortes)
- Individualisierung von Konsumentenwünschen

Trends, die die Technologie von morgen beeinflussen:

- Connectivity: Funktionalität von Möbeln, die Technik integrieren können
- Werkstoffe: Wie viel Holz ist noch in Möbeln?, selbstreinigende Oberflächen wären eine Möglichkeit
- Wie sieht die Supply Chain der Zukunft aus?

Trends, die die Politik & Märkte von morgen beeinflussen:

- gesundheitsverträgliche Verarbeitung
- Ökoeffizienz von Möbeln – regional versus global

Trends, die das Personalwesen von morgen beeinflussen:

- vom regionalen Kleinstbetrieb (Tischlerei) zum weltweiten Produzenten
- Einkäufer als Manager der Produktion

Die Zukunft in der Möbelindustrie: Szenarien und ihre Konsequenzen für den Einkauf

Szenario 1: Meine Küche hat kein anderer auf der Welt

Familie Huber sucht eine einzigartige Küche für ihr neues Haus, das in zwei Monaten, also im Juli 2020, bezugsfertig ist. Frau Huber wünscht sich eine individuell geplante Designküche mit energieeffizienten Elektrogeräten der neuesten Generation in ihrer Lieblingsfarbe Pistaziengrün, mit orangefarbenen Deckplatten. Nach langer Suche findet die Familie genau den richtigen Anbieter: einen Produzenten, der Küchen in Wunschfarben fertigt. Das ist nicht ganz billig, doch Familie Huber will ihre Wunschküche in drei Wochen einbauen.

Welche Konsequenzen hat das für den Einkauf?

In Abhängigkeit von der Wertschöpfungstiefe besteht die Hauptaufgabe für den Einkauf in der Steuerung der Lieferkette. Kurz vor der Auslieferung einer Küche werden alle benötigten Teile zusammengeführt – zum Teil aus der eigenen Produktion, zum Teil von Zulieferern und auch die Elektrogeräte müssen zum Abtransport bereitgestellt sein. Wegen des fehlenden Lagerraums muss diese Zusammenführung »just-in-time« erfolgen. Das ist bereits eine Herausforderung bei einem Standardsortiment, steigert sich aber nochmals bei individuell geplanten und ausgesuchten Möbeln. Um den engen Zeitrahmen einzuhalten, muss die komplette Lieferkette synchronisiert werden. Eine IT-unterstützte Verknüpfung bildet die Grundlage, die Nutzung von Techniken wie RFID (Radiofrequenz-Identifikation) kann eine weitere Unterstützung bieten.

Unabhängig von der Optimierung der Lieferkette ist eine weitere Anforderung die Ökoeffizienz der Produkte. Bei den Elektrogeräten ist das einfach zu überprüfen, die Herausforderung für den Einkauf liegt daher eher im Bereich der Holzbaustoffe und Oberflächen/Farben. In diesem Bereich setzt vor allem der Gesetzgeber die Maßstäbe, was Ausdünstungen und Recyclingfähigkeit der Materialien angeht. Diese Einflussfaktoren spielen daher eine wichtige Rolle für den Einkauf, besonders bei der Auswahl von Materialien und Lieferanten.

Zusammenfassend benötigt der Einkauf für diese Aufgaben daher Prozessmanager mit technischer Ausbildung und Kenntnissen in Wertstofftechnik. Eine anspruchsvolle und mehrdimensionale Aufgabe für den Einkauf des Jahres 2020 – denn er muss sich neben diesen Erfordernissen auch noch um den optimalen Preis kümmern.

Diese veränderte – zunehmend strategische – Rolle des Einkäufers erfordert somit ein neues Anforderungsprofil an global agierende Einkäufer. Die entscheidende Frage, mit der die Unternehmens- bzw. Einkaufsleitung sich verstärkt auseinandersetzen muss, ist also hier, wer von den Mitarbeitern im Einkauf über das Potenzial verfügt, zukünftig erweiterte Aufgaben wahrzunehmen. Eine Möglichkeit der objektiven und neutralen Bestandsaufnahme ist hier die Auditierung der Einkaufsabteilung im Rahmen von Potenzialanalysen. Im Fokus eines solchen Verfahrens steht also neben der Beurteilung der aktuellen Kompetenzen der Mitarbeiter im Einkauf vielmehr die Frage des entwickelbaren Potenzials. Das resultierende Personalportfolio bildet die Ausgangsbasis für die systematische Ableitung spezifischer Personalmaßnahmen.

Szenario 2: Möbel als Designverpackungen für Technik

Im Jahr 2020 stecken die Wohnungen voller Technik – doch keiner soll sie sehen. Eine neue Generation von Möbeln kann zum einen Strom leiten und über Magnettechnik andere Geräte versorgen; zum anderen haben Schränke LCD-Oberflächen, die als Bildschirme fungieren. Allerdings besitzen auch im Jahr 2020 nicht viele Möbelhersteller das entsprechende Know-how, um zusätzlich auch eine optimale Energieeffizienz zu garantieren. Doch wer lange sucht, wird sicher fündig.

Welche Konsequenzen hat das für den Einkauf?

Innovationsmanagement bringt den entscheidenden Vorteil im Wettbewerb. Und das vor allem branchenübergreifend. In einer rein nach Materialgruppen sortierten Einkaufsstruktur fehlen häufig genau diese übergreifenden Innovationen unter anderem wegen fehlender Verantwortlichkeiten. Die technologische Entwicklung aber treibt die Innovationen bei Werkstoffen immer weiter voran. Das bietet exzellente, neue Marktchancen.

Eine weitere gravierende Veränderung ist die neue Lieferantenstruktur. Partner sind nicht mehr nur Handwerksbetriebe oder nationale Zulieferer, sondern multinationale Elektronikkonzerne, die durch Innovationen Mehrwerte bei Möbeln kreieren. Damit befindet sich der Einkauf eines Möbelherstellers nicht mehr in der fordernden Position, sondern muss sich um die Innovationen bewerben und sich am Ende als zuverlässiger Markenpartner in einer Lieferkette positionieren. Nur wenn es der Einkauf schafft, seine Möbel mit der aktuellsten technischen Ausstattung zu versehen, kann die Firma im Wettstreit der Lieferketten am Markt erfolgreich sein. Weitere wichtige Punkte in diesem Zusammenhang sind:

- Nachverfolgbarkeit der Produkte bei Reklamationen: Das ist vor allem wegen der Vielzahl der Produkte erforderlich und gilt besonders im Bereich Elektronik.
- Intelligente Werkstoffe müssen Strom leiten können – das erfordert ein anderes technisches Verständnis im Einkauf.
- Der Einkauf braucht Trend-Scouts, die weltweit genau diese Innovationen finden und erfolgreich an das Unternehmen binden.
- Aufgrund der Wertigkeit der Produkte ist eine noch straffere Lieferkette notwendig.

Szenario 3: Mein Zuhause ist die Welt

Häufiges Umziehen, Mobilität und die Organisation von Leben sowie Beruf an verschiedenen Orten gehören zum normalen Leben 2020. Begehrt sind daher modulare Möbelsysteme, die über eine Reihe von Vorteilen verfügen. Sie müssen sich sehr flexibel den wechselnden Wohnungsgrößen anpassen können. Sie müssen einerseits solide produziert, aufgrund der häufigen Umzüge aber auch leicht ab- und aufzubauen sein. Und sie sollten überall auf der Welt hergestellt werden, damit man sie erweitern oder nachkaufen kann. So ist gewährleistet, dass die eigene Wohnwelt erhalten bleibt – und zwar ganz gleich, wohin und wie schnell sich der Mensch bewegt: Das Zuhause zieht einfach mit. Klimaneutrale Produktion als i-Tüpfelchen erfreut den modernen Konsumenten zusätzlich – und wird auch honoriert.

Welche Konsequenzen hat das für den Einkauf?

Die weltweite Fertigung auf einem gleich hohen Qualitätsniveau ist nur auf der Grundlage einer gleichwertigen Versorgung aller Standorte mit Material möglich, das zwar von verschiedenen Lieferanten stammt, aber jederzeit austauschbar ist. Das ist bei nachwachsenden Rohstoffen, die wie jedes Naturprodukt nicht immer in der gleichen Qualität vorliegen, eine besonders große Herausforderung. Um eine zentrale Steuerung zu gewährleisten, müssen daher die Einkäufer auf allen Kontinenten die Zulieferer überwachen oder überwachen lassen, um genau diese Vorgabe zu kontrollieren.

Für den Einkauf und die Beschaffung ergibt sich daraus eine weitere Herausforderung: Wenn weltweit Möbel auf Basis von Spanplatten verfügbar sind (und das ist heute sicher noch lange nicht so), steigt auch die Nachfrage. Aber wie viele Ressourcen stehen zur Verfügung und wird die Spanplatte irgendwann mal ein Luxusgut? Die Sicherstellung von Lieferquellen wird auch in diesem Bereich eine wichtige Aufgabe des Einkaufs in der Zukunft sein. Prozesse und Organisationsstrukturen müssen dafür dann aber auch gegeben sein.

Baumärkte heute und morgen

Deutsche Baumärkte haben heute mit schwierigen strukturellen Rahmenbedingungen, stagnierender Nachfrage und mangelnder Wirtschaftlichkeit zu kämpfen. Darüber hinaus stehen sie in einem harten Preis- und Verdrängungswettbewerb.

Bei Baumärkten liegt das Einkaufsvolumen bei 80 Prozent. Da der Einzelhändler bei der Beschaffung nur über eine geringe eigene Wertschöpfung verfügt und sich die Wertschöpfung auf die Distribution bezugsfertiger Güter konzentriert, ist die Notwendigkeit einer optimalen Beschaffungsstrategie besonders groß. Erfolgreiche Händler brauchen den Zugang zu schnellen, qualitativ zuverlässigen, preislich interessanten und logistisch erschlossenen Märkten, um wettbewerbsfähig zu sein.

Allgemeine Rahmenbedingungen

Ein Baumarkt funktioniert wie ein großflächiger Supermarkt, in dem Heimwerker einkaufen. Baumärkte wurden konzeptionell aus den USA übernommen, wo sie häufig als »DIY-Branche« (Abkürzung für: Do it yourself) firmieren. Heute bieten sie von Baustoffen über Innendekoration bis zu Pflanzen ein breites Sortiment. Insbesondere die Verbrauchsausgaben für Gartenbedarf sind hierzulande in den letzten fünf Jahren überproportional gestiegen. Bezogen auf die Verkaufsfläche macht Gartenbedarf bereits bis zu ein Drittel eines Baumarktes aus.

Im Baumarkt kaufen liegt im Trend. Grund: Die Sanierung und Renovierung im Do-it-yourself-Verfahren wird immer populärer. Balkone und Terrassen werden zu grünen Oasen umfunktioniert, die Gestaltung des eigenen Gartens zu einem Gesamtkunstwerk ist angesagt. Folge: Die Verkaufsflächen in den Baumärkten nehmen zu, immer neue und größere Märkte entstehen. Insgesamt erreichte die Gesamt-Verkaufsfläche 2008 eine Größenordnung von rund 13,71 Millionen Quadratmetern. Nach Branchenangaben teilen sich in Deutschland fünf Bundesbürger einen Quadratmeter Baumarktfläche – in Frankreich oder Großbritannien stehen auf demselben Quadratmeter mehr als neun Verbraucher.

2008 erreichten die deutschen Bau- und Heimwerkermärkte einen Bruttogesamtumsatz von 17,55 Milliarden Euro. Damit verfehlten sie den Vorjahreswert knapp um 0,5 Prozent.

Lieferantenstruktur

Bei den Lieferanten von Baumärkten handelt es sich sowohl um Markenhersteller als auch um Produzenten von Eigenmarken. Immer häufiger findet eine Hersteller-Handels-Interaktion im Sinne einer vertikalen Win-win-Situation, von Category Management oder von Customer Relationship Management statt. Handelsmarken beziehungsweise speziell gefertigte Exklusivmarken gewinnen an Bedeutung und die Sortimentspolitik wird weiter professionalisiert. Die Beschaffungssituationen im Handel sind unter anderem durch eine hohe Artikelzahl und ein starke Sortimentsdynamik geprägt.

Kundenstruktur

Ursprünglich waren Renovierer, Sanierer und Modernisierer die Kerngruppen der Kundschaft. Vermehrt zog es dann Sparer und Schnäppchenjäger in die Baumärkte. Daher prägen die Pole Qualität und Preis die Gegenwart des Baumarktkonzepts – und das wird wohl auch in Zukunft so bleiben. So wächst einerseits die Anzahl der Kunden, die auf der Suche nach Komplettlösungen in den Baumarkt kommen und Qualität bei Produkten, Bedienung, Beratung, Service, Dienstleistung und Problemlösung erwarten: Denn wer über keinen allzu reichen Erfahrungsschatz beim Heimwerken verfügt, will auch Handwerkerservices für bestimmte Projekte im Angebot finden. Andererseits nimmt die Zahl der Schnäppchenjäger zu, die weniger Qualität und Service als vielmehr die günstigsten Preise suchen.

Wettbewerbsstruktur

Wer als Baumarktbetreiber zu den Gewinnern von morgen zählen will, muss schnell hohe Zufriedenheitswerte sowohl in der Leistungs- als auch in der Preisdimension erreichen. Sonst droht das Schicksal des deutschen Supermarktformats, das allmählich von den preisaggressiveren Discountern verdrängt wird.

Mit der Aufnahme von zertifizierten Produkten und allgemein anerkannten Qualitätssiegeln können Baumarkthändler dazu beitragen, das Vertrauen der Kunden zu stärken. Diese Siegel verdeutlichen beispielsweise, dass Produkte aus nachhaltiger Forstwirtschaft stammen oder dass auf umwelt- und gesundheitsschädliche Inhaltsstoffe verzichtet wird. Auch die Herkunftsbezeichnung »Made in Germany« erhält vor der immer wiederkehrenden Diskussion über

Qualitäts- und Sicherheitsprobleme bei Produkten aus Fernost eine verlässliche Wertigkeit.

Trendentwicklung

Betrachten wir die KC-Trendmatrix, wird die Baumarktbranche in Zukunft beeinflusst durch die Bereiche

- Gesellschaft,
- Ökologie,
- Markt,
- Personal.

Trends, die die Gesellschaft von morgen beeinflussen:

- Gesellschaftsstruktur
  - immer mehr Singlehaushalte und Frauenhaushalte
  - Cocooning: eher passsiver Rückzugswunsch aus der Öffentlichkeit und damit mehr Zeit in den eigenen vier Wänden
- Individualisierung
  - Wohnung als Ausdruck des Individuums, Selbstverwirklichung durch die Innenausstattung
  - Differenzierung von Produkten, z. B. individuelle Farben für den Bodenbelag

Trends, die die ökologische Bewegung von morgen beeinflussen:

- Klimawandel
  - Dämmung des Hauses
  - Klimaanlagen
- Energieeffizienz
  - Stromspargeräte, -lampen
- Materialeffizienz
  - Hochleistungsprodukte, die stabil und gleichzeitig leicht sind

Trends, die Politik & Märkte von morgen beeinflussen:

- Konzentration von Anbietern
  - Besonders die kleineren Anbieter dürften der Konsolidierung zum Opfer fallen. Die »Key Player« werden ihre Strategie entweder auf Service oder auf Niedrigpreise ausrichten, um ihren Umsatz zu steigern. Die Differenzierung muss über das Angebot oder über den Service geschehen.

Trends, die das Personalmanagement von morgen beeinflussen:

- Einkäufer als Manager
  - nicht nur für Produkte, sondern für eine Erlebniswelt

Die Zukunft der Baumärkte: Szenarien und ihre Konsequenzen für den Einkauf

Szenario 1: Create-it-yourself

Die Nachfrage nach individualisierten Produkten hat sich in den Industriestaaten im Jahr 2020 fest etabliert. Nicht nur die produzierende, auch die dienstleistende Wirtschaft bietet auf den einzelnen Kunden zugeschnittene Produkte an. Daher dominiert auch in den Baumärkten die Individualfertigung bei vielen Warengruppen. Der Einsatz von Online-Konfigurationen über Websites oder über PC-Terminals in Baumärkten bis hin zur persönlichen Beratung vor Ort spielt eine wichtige Rolle. Der Kunde wird dabei zum Co-Designer, zum Co-Produzenten seiner Produkte: sei es bei Parkett, Fliesen oder Wandfarben.

Wie das abläuft? Dem Kunden werden beispielsweise per Internetseite zu Hause oder per Terminal im Baumarkt entsprechend den Angaben zu Raumgröße und Ausrichtung automatisch mehrere Vorschläge von verfügbaren Mustern für Parkettfußböden geliefert. Der Verbraucher trifft dann eine Auswahl und nimmt die Ware inklusive einer individuellen Anleitung zum Verlegen gleich mit.

Welche Konsequenzen hat das für den Einkauf?

Der Einkauf muss auf diese individualisierten Angebote mit flexibleren Verträgen für seine Zulieferer reagieren. Die Entwicklung geht weg vom klassischen Einkauf hin zum Supply Chain Management. Denn Baumärkte benötigen für individuelle Fertigungen flexible Produktmodule statt fertiger Produkte. Das bedeutet, dass die Just-in-time-Fertigung dieser Module noch wichtiger werden wird.

Bei der Warengruppe Parkettböden wäre für die Beschaffung die Variante des VMI-geführten Lagers möglich. VMI steht für »Vendor Managed Inventory«, also eines lieferantengeführten Lagers, und bezeichnet ein Konzept, bei dem der Warenbestand in der Vertriebsstelle automatisch und ohne Zutun des Handels vom Hersteller bestückt und geführt wird.

Der Kunde, der im Baumarkt über ein Terminal den aktuell verfügbaren Boden bestellt, kann also auch darüber informiert werden, welche Kombinationen noch möglich wären, käme er etwa in einigen Stunden oder beispielsweise einen Tag später wieder. Dann könnte der Hersteller bereits eine neue Lieferung zur Verfügung stellen, da er online genau über die Wünsche des Kunden informiert ist. Die Beschaffung geht also zur Einführung von Category Management in immer mehr Warengruppen über. Zusammen mit dem Lieferanten muss am optimalen Sortiment gearbeitet werden in Bezug auf Tiefe, Breite, Neueinführungen, Präsentation, Information und Promotion.

Szenario 2: Save the world

Im Jahr 2020 herrscht bei Umweltfragen allgemeiner Konsens: Die Belastung von Luft, Wasser, Böden mit Schadstoffen muss dringend reduziert werden. Der Hausbau und die Altbausanierung nach »ökologischen« Gesichtspunkten rücken immer mehr in den Vordergrund, auch bei Baumarktkunden. Sie suchen umweltfreundliche, energieeffiziente und ressourcenschonende Lösungen. Beratung und Informationen dazu werden in den Baumärkten geboten, sie sollen den Kunden beim klimafreundlichen und nachhaltigen Konsum begleiten. Geschulte Mitarbeiter können Hintergrundwissen vermitteln und Auskunft über die Klimabilanz der angebotenen Waren geben.

Welche Konsequenzen hat das für den Einkauf?

Für den Einkauf im Jahr 2020 bedeutet das, die Beschaffung auf grüne Füße zu stellen: Green Procurement wird zentraler Trend. Darunter werden allerdings nicht nur Umweltaspekte, sondern auch soziale Aspekte wie die Einhaltung von Menschenrechten und Arbeitsnormen verstanden. Diese Entwicklung bringt diverse Herausforderungen mit sich. Im Lieferantenmanagement muss die gesamte Lieferkette bis zum letzten Vorlieferanten auf die Einhaltung der gesetzten ökologischen und sozialen Standards überprüft werden können. Zusätzlich können für die eigene Einkaufsorganisation individuelle Ethikleitlinien geschaffen werden, um sich vom Wettbewerber abzugrenzen.

Szenario 3: Service is needed

Im Baumarkt des Jahres 2020 wird das Sortiment an Warengruppen im Vergleich zum heutigen Angebot reduziert sein. Doch der Verkäufer wird dagegen aus seiner reinen Verkaufsrolle in die eines Fachberaters schlüpfen, der Techniken erklären und Anwendungen veranschaulichen kann. Zudem werden viele Dienstleistungen zusätzlich zum Produktsortiment im Baukastensystem hinzugekauft. Wer sich seinen individuellen Bodenbelag zusammengestellt hat, braucht Hilfe beim Verlegen – und bekommt sie ebenso schnell und effizient wie das Produkt, das er gewählt hat.

Welche Konsequenzen hat das für den Einkauf?

Der Einkauf 2020 muss viel mehr überschauen als nur die effiziente Beschaffung bestehender und neuer Produktlinien, er muss den Überblick über die gesamte Palette der dazu gehörenden Dienstleistungen im Auge behalten und die notwendigen Ressourcen für den Kunden bereitstellen, und das effektiv und kostenbewusst. Daher wird es die Aufgabe des Einkäufers sein, diese Servicewelt einzukaufen, entweder von einem Full-Service-Lieferanten (Produkt plus Servicekräfte) oder durch die Zusammenstellung von verschiedenen Lieferanten. So kann es Sinn machen, einen speziellen Lieferanten für die Dienstleistung »Service bei Bodenbelägen« zu suchen, der dann für verschiedene Bodenbelagslieferanten den zusätzlichen Service übernimmt. Notwendige Hilfsmittel sind ebenfalls zu beschaffen, und wenn möglich von im Markt gelisteten Lieferanten (cross-selling).

Maschinen- und Anlagenbau heute und morgen

Der Maschinen- und Anlagenbau ist eine Schlüsselindustrie der deutschen Wirtschaft. Gemessen an den rund 6.000 Unternehmen mit ihren 914.000 Beschäftigten ist der Maschinen- und Anlagenbau die größte Branche des Landes, noch vor der Elektrotechnik und dem PKW-Bau. Die Sparte steht weltweit für Innovationskraft und technologische Leistungsfähigkeit. Bis 2008 generierte die Branche Rekordumsätze. Die deutsche Maschinenproduktion wuchs im vergangenen Jahr real um 5,4 Prozent auf 194 Milliarden Euro. Sie profitiert seit einigen Jahren überproportional von der hohen Nachfrage vor allem aus Russland, Brasilien, China und Indien sowie den Ländern Mittel- und Osteuropas.

Allgemeine Rahmenbedingungen

Die Rahmenbedingungen in einer Dekade werden für den Maschinenbau in vielfacher Weise anders sein als heute. Das weltweite Bevölkerungswachstum könnte bis 2020 zu einem steigenden Bedarf an Gütern sowie einer weiteren Verstädterung führen. Dieses Wachstum findet überwiegend in Asien, Südamerika und Osteuropa statt. Die Volkswirtschaften dieser Staaten brauchen aber teilweise ganz andere Güter als die alten Industriestaaten: So gelten in den tropischen Gebieten Südasiens und Südamerikas schon wettertechnisch andere Anforderungen an Material und Technik als etwa in Osteuropa. Zudem haben Klimawandel und Umweltschutz bereits viele neue Abnehmer in neuen Branchen geschaffen, die sich etwa für Energie- und Materialeffizienz interessieren oder gleich ganze Systeme zur Gewinnung von Energie aus Sonnen-, Wind- und Wasserkraft bestellen.

Der Maschinenbau muss diese Herausforderungen annehmen, die neuen Abnehmerbranchen rechtzeitig erkennen und individuelle Lösungen anbieten. Mittelfristig werden sich die internationalen

Märkte für Anlagen und Maschinen wegen des weltweit wachsenden Handels, der Bildung von Netzwerken und internationaler Kooperationen weiter verflechten. Ferner kommt es zu einer Spreizung der globalen Anbieter. Während Unternehmen aus Schwellenländern zunehmend die Massenmärkte für sich gewinnen, fokussieren sich Hersteller aus Industrieländern auf ihre Technologie- und Innovationsführerschaft.

Lieferantenstruktur

Der global zunehmende Wettbewerbsdruck wirkt sich nachhaltig auf die deutsche Zulieferindustrie aus. Es werden sich viele Unternehmen zusammenschließen und ihr Know-how vereinen müssen. Daraus folgt, dass die Zulieferindustrie sich zukünftig noch stärker durch Technologieführerschaft, Wissensvorsprung sowie eine intensive Vernetzung mit der jeweiligen Abnehmerbranche (Clustering) hervorheben muss. Darüber hinaus sollten unter Abwägung von Markt-, Technologie- und Wettbewerbserfordernissen Netzwerke zwischen deutschen und ausländischen Produktionen gestaltet werden. Diese Netzwerke sollten durch einen hohen Innovationsgrad aller Beteiligten gekennzeichnet sein. Nur so können aus Abhängigkeiten langfristige strategische Partnerschaften beziehungsweise Allianzen entwickelt werden, um knappe Ressourcen gemeinsam zu erschließen.

Innerhalb dieser Netzwerke und Cluster können Unternehmen von absolutem Weltruf entstehen, die in Anbetracht der weltwirtschaftlichen Veränderungen bestens aufgestellt sind und jederzeit flexibel auf Veränderungen des Marktumfelds reagieren.

Kundenstruktur

Der Maschinenbau weist eine breite Kundenstruktur auf. Das verarbeitende Gewerbe kauft drei Viertel der produzierten Maschinen und Anlagen. Weitere Käufer sind die pharmazeutische Industrie, der Kraftwerksbau sowie die Immobilienbranche. Da Kunden heute zunehmend flexiblere Lösungen und Lieferungen wünschen, muss der Maschinenbau die Abläufe in der Lieferkette kontinuierlich verbessern. Anlagen- und Maschinenbauer müssen flexibel organisiert und beweglich sein, um dieser Entwicklung gerecht werden zu können. Gerade in Krisenzeiten gehen zudem viele Unternehmen dazu über, ihre früher ausgegliederten Prozesse und Produkte wieder selber herzustellen, um so einer mangelnden Kapazitätsauslastung ihrer Werke entgegenzuwirken.

Zudem wird die Effizienz und Schnelligkeit der unterschiedlichen internen Prozesse und Schnittstellen ein maßgebliches Wettbewerbsmerkmal sein. Gleiches gilt für das Optimieren der unternehmens- und lieferkettenweiten Geschäftsprozesse. Die Prozess- und Lösungsorientierung führt zu einer Neudefinition der Wertschöpfungsstufen. Kunden fragen in Zukunft Komplettlösungen nach und nicht nur Produkte. Maschinenbauer werden sich also mehr zum Partner in Wertschöpfungsnetzwerken entwickeln.

Hinzu kommt der Gedanke der Wirtschaftlichkeit, der bei den Kunden immer mehr in den Vordergrund rückt. Deshalb werden lokale Produktionen erforderlich. Eine reine Exportbelieferung gefährdet die langfristige Marktpräsenz. In Abwägung zwischen Markt-, Technologie- und Wirtschaftlichkeitserfordernissen müssen somit Netzwerke zwischen deutschen und lokalen Produktionen gestaltet werden.

Wettbewerbsstruktur

Dank des rasanten Wachstums vieler Schwellenländer ist der globale Wettbewerb im Maschinen- und Anlagenbau intensiv geworden. Unternehmen aus Osteuropa, China, Indien drängen auf die Märkte.

Durch die ungewöhnlich hohe mittelständische Ausprägung des Maschinenbaus in Deutschland – zwei Drittel der Unternehmen beschäftigen weniger als 100 Mitarbeiter – war es der Branche in der Vergangenheit zwar möglich, sich in den vielen Produktsegmenten Spitzenpositionen aufzubauen. Allerdings spüren derzeit gerade kleine und mittlere Unternehmen einen starken Konkurrenzdruck. Übernahmen und Zusammenschlüsse werden daher die nächsten Jahre bestimmen. Ziel ist die Technologieführerschaft in einem

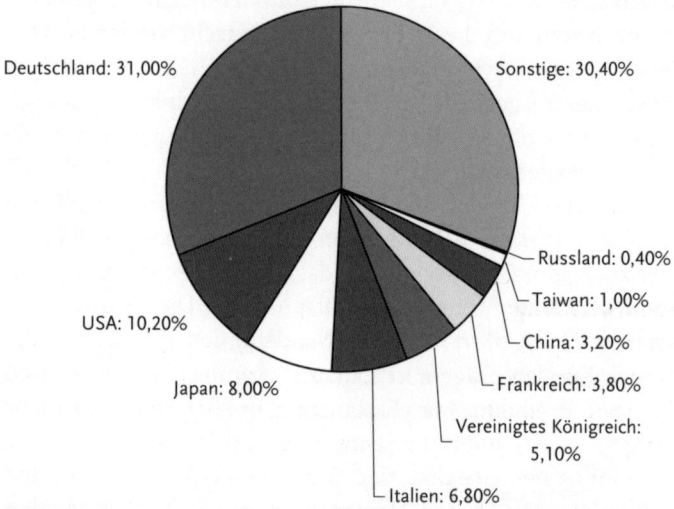

Maschinenausfuhr der wichtigsten Lieferländer, Fluidtechnik

Deutschland: 31,00%

Sonstige: 30,40%

USA: 10,20%

Japan: 8,00%

Russland: 0,40%

Taiwan: 1,00%

China: 3,20%

Frankreich: 3,80%

Vereinigtes Königreich: 5,10%

Italien: 6,80%

Abb. 16: Maschinenausfuhr der wichtigsten
Lieferländer der Fluidtechnik
Quelle: Statistisches Bundesamt

Segment. Schon heute versuchen viele deutsche Maschinenbauer, ihren Wissensvorsprung zu nutzen und Kapital aus den sich abzeichnenden globalen Entwicklungen wie Rohstoffknappheit, globale Erwärmung oder Urbanisierung zu schlagen. So fokussieren sie ihre F&E- Aufwendungen speziell auf diese Themen, um auch zukünftig die besten Lösungen anbieten zu können.

Beispiel Fluidtechnik: Spitzentechnologie aus Deutschland

Deutschland ist Klassenbester bei der Fluidtechnik (Fachbereiche Pneumatik und Hydraulik). Durch leistungsfähige und innovative Produkte hat sich die deutsche Fluidtechnik in den letzten Jahren einen weltweiten Spitzenplatz sichern können. Die Wachstumsdynamik lag dabei deutlich über der des gesamten Maschinenbaus. Die Fluidtechnik kommt vor allem in der

KFZ-Industrie, der Luft- und Raumfahrt, dem Schiffbau, der Fördertechnik, dem Wasser- und Windkraftwerksbau sowie bei Baumaschinen zum Einsatz. Gerade in den Industrien also, die unmittelbar an den globalen Trends partizipieren werden. Schon jetzt stammen über 30 Prozent der weltweiten Fluidtechnik aus Deutschland. Damit nimmt sie einen Spitzenplatz in der deutschen Maschinenbaubranche ein.

Trendentwicklung

Betrachten wir die KC-Trendmatrix, wird der Anlagen- und Maschinenbau in Zukunft beeinflusst durch die Bereiche

- Gesellschaft,
- Technologie,
- Ökologie,
- Personal.

Trends, die die Gesellschaft von morgen beeinflussen:

- demografischer Wandel
- Urbanisierung
- Globalisierung

Trends, die die Technologie von morgen beeinflussen:

- Connectivity: Immer mehr Unternehmen können vernetzt miteinander arbeiten und die Lieferketten erheblich schneller miteinander verbinden
- Cloud Computing: Wie sieht die Supply Chain der Zukunft aus?

Trends, die die ökologische Bewegung von morgen beeinflussen:

- Klimawandel erschließt neue Tätigkeitsfelder für den Maschinen- und Anlagenbau im Bereich regenerativer Energien

Trends, die das Personalmanagement von morgen beeinflussen:

- Hochspezialisierte lieferanten-, regions- oder komponentenspezifische Expertisen der Einkäufer erfordern ein professionelles, globales Kompetenzmanagement.

Die Zukunft des Anlagen- und Maschinenbaus: Szenarien und ihre Konsequenzen für den Einkauf

Szenario 1: Freie Sicht auf den Mount Everest

Die indische Familie Sharma kauft im Januar 2020 eine Wohnung im höchsten Gebäude der Welt in Neu Delhi. Stolze 350 Stockwerke bei 1.500 Metern Höhe misst der gerade fertiggestellte Wolkenkratzer. Der Lift erreicht die Wohnung im 303. Stock in nur 60 Sekunden und ermöglicht den direkten Zutritt zum Appartement. Vom Wohnzimmer aus ist bei guter Sicht das rund 570 Kilometer entfernte Himalaya-Gebirge im Nordwesten zu sehen.

Welche Konsequenzen hat das für den Einkauf?

2020 bevölkern schätzungsweise neun Milliarden Menschen die Erde. Bebaubare Flächen sind knapp, es wird in die Höhe gebaut. Um Gebäude von 1.500 Metern errichten zu können, sind völlig neue Maschinen nötig; extrem hohe Kräne etwa, die ihre Konstrukteure vor neue Herausforderungen bezüglich Hydraulik, Pneumatik oder Getriebetechnik stellen. Viele Spezialmaschinen werden von Nischenanbietern entwickelt, konstruiert und gefertigt, die sich bereits frühzeitig auf die lukrativen Marktlücken spezialisiert haben. So benötigt ein Kran, der in über 1.000 Metern arbeitet, spezielle Zylinder, die sowohl stabilisieren und positionieren. Spezialpumpen werden auf der Baustelle nötig sein, die Beton in extreme Höhen pumpen können. Zwischen Februar und Mai kann es in Neu Delhi bis zu 45 Grad Celsius heiß werden, heftige Niederschläge prasseln zudem immer wieder herab. Hitze und Feuchtigkeit stellen immense Anforderungen an jedes Teil.

Die Entwicklung der benötigten Komponenten muss daher in enger Kooperation mit den Vorlieferanten vollzogen werden, die wiederum ihr Wissen über Material, Technik und Prozesse in den Gesamtprozess einbringen, um die Funktionalität der kundenspezifischen Lösungen zu gewährleisten. Prozessintegration ist das Schlüsselwort für erfolgreiche Arbeit. Effizienz und Schnelligkeit der Prozesse bilden gleichsam wesentliche Wettbewerbsmerkmale: Jede Zeitverzögerung schmälert die Rendite. Zudem wurden die Verträge monatelang verhandelt, bei Verzug drohen empfindliche Strafen. Die Prozess- und Lösungsorientierung führt zu einer kompletten Neudefinition der Supply Chain und in letzter Konsequenz der Wertschöpfungskette.

Szenario 2: Grüne Welt statt schwarzes Gold in Mexiko

Familie Sanchez aus dem nordmexikanischen Bundesstaat Chihuahua besucht den größten Windpark an der Karibikküste des Landes. Die Aussichtsplattform in 300 Metern Höhe erreicht die Familie mit einem Aufzug und genießt den Blick über den gigantischen Offshore-Windpark im Golf von Mexiko. In einem 10-mal-10-Raster stehen 1.000 Windenergieanlagen. Jeder einzelne Turm ist 99 Meter hoch und trägt drei Rotorblätter mit einer Länge von je 61 Metern.

Welche Konsequenzen hat das für den Einkauf?

Die fossilen Energieträger Erdöl und Erdgas werden immer knapper und teurer. Kohle stößt bei der Verbrennung in Kraftwerken große Mengen Kohlendioxid aus, das zur Erwärmung der Erde beiträgt. Gleichzeitig wächst der Energiebedarf weltweit, so dass die Nutzung erneuerbarer Energiequellen ein zentrales Thema des Maschinenbaus 2020 ist.

Die deutschen Unternehmen der Branche, die früh angefangen haben, Qualitätsprodukte und ständige Neuheiten auf höchstem technischem Standard zu bieten, sind auf die Entwicklung und Fertigung etwa von hochkomplexen Solaranlagen in Wüsten, Offshore-Windparks, Gezeiten- oder Geothermiekraftwerken spezialisiert. Weltweit entstehen gigantische Anlagen, die immense Anforderungen an den gesamten Maschinenbau von der Antriebstechnik über die Fluidtechnik (Hydraulik/Pneumatik) bis hin zum Getriebebau stellen.

Für den Einkauf und die Supply Chain der hochspezialisierten Zulieferer bedeuten derartige Mega-Projekte einen Paradigmenwechsel. Das Expertenwissen in der Supply Chain muss eng vernetzt werden, um es kundenindividuell einsetzen zu können. Weltweite Großprojekte in unwirtlichen Gebieten erfordern einen permanenten

Informationsaustausch und eine extrem enge Zusammenarbeit zwischen den beteiligten Akteuren der Lieferkette im Sinne einer ganzheitlichen Prozessintegration. Denn nur so können Effizienz, Schnelligkeit und Flexibilität der Supply Chain gewährleistet werden.

Gleichzeitig steigt so auch die Bedeutung eines professionellen internen Kompetenzmanagements im Einkauf immens. Die kontinuierliche Analyse und Dokumentation des unternehmensinternen Experten-Know-hows sowie von spezifischen Supply-Chain-Kompetenzen wird ein zentraler Erfolgsfaktor für die Optimierung von lieferkettenweiten Geschäftsprozessen – insbesondere in einer international vernetzten, auf hochkomplexe Spezialkomponenten ausgerichteten Anlagen- und Maschinenbaubranche – sein. Folgende drei Faktoren sind hier der Schlüssel zum Erfolg:

1) Transparenz der global verteilten Kompetenzen und des Expertenwissens, z. B. im Rahmen einer strukturierten Kompetenzlandkarte, in der die individuellen Fähig- und Fertigkeiten, das Lieferanten-, Maschinen-, Waren- und Produktionswissen sowie projektbezogene Erfahrungen der Einkäufer erfasst werden.
2) Ableitung von regionsspezifischen Anforderungsprofilen, die eine internationale, unternehmensübergreifende Sprache sprechen. Auf dieser Basis können lokale Einkaufsteams mit kulturellem und sprachlichem Know-how, Kenntnissen lokaler Lieferanten- und Marktstruktur etc. eingerichtet werden.
3) Integrative Vernetzung von Wissen und Kompetenzen:
So muss in einem flexiblen Netzwerk die effiziente Integration der unterschiedlichen, sich ergänzenden Kompetenzen in Einkaufsteams gewährleistet sein. Die Kenntnisse über Lieferantenmärkte, über Innovationen in der Maschinen- und Materialforschung sowie über konkrete Kundenbedürfnisse müssen inhaltlich aufeinander bezogen und schnell abrufbar sein, um diese erfolgskritischen Kompetenzfacetten effektiv miteinander in Teams zu verbinden und projektbezogen nutzen zu können.

Extreme Materialanforderungen sowie knappe Ressourcen erfordern neue Materialien und Technologien. Der Einkauf muss permanent auf der Suche nach innovativen Werkstoffen und Verfahren sein und prüfen, ob ein Rohstoff ersetzt werden kann oder

Werkstoffe mit vergleichbaren Eigenschaften gefunden werden können. Das muss in enger Zusammenarbeit mit anderen Abteilungen im Unternehmen wie Technik, Produktion, Konstruktion und Entwicklung sowie mit den Kunden und Lieferanten geschehen. Der Einkauf entwickelt sich in Richtung Projekteinkauf sowie Projektmanagement. Es entsteht eine neue Schnittstelle zwischen Abteilungen. Gleichzeitig ist die globale Vernetzung nötig, um in verschiedenen Beschaffungsmärkten potenzielle Lieferquellen frühzeitig zu identifizieren, aufzubauen und zu entwickeln. Das erfordert ein umfassendes Risikomanagement, um Verzögerungen in der Supply Chain frühzeitig erkennen und abwehren zu können.

Hotellerie heute und morgen

Das Hotel- und Gaststättengewerbe in Deutschland umfasst Beherbergungsleistungen, gastronomische Leistungen und Zusatzleistungen wie Wellness, Fitness oder Roomservice. Neben Markenhotels existieren verschiedene Formen von Art- oder Designhotels, Familien- und Ferienhotels sowie Geschäftsreise- und Tagungshotels. Die letzten beiden Beherbergungsstätten unterscheiden sich deutlich von solchen Häusern, die auf den Ferien- und Freizeitbereich konzentriert sind.

Allgemeine Rahmenbedingungen

Die Hotellerie ist durch einen starken Wettbewerb infolge Marktsättigung und hoher Betriebs- und Energiekosten gekennzeichnet. Zudem schiebt sie einen hohen Investitionsstau vor sich her. Umfragen zufolge sieht fast ein Drittel aller Hotels die Notwendigkeit, umfassend zu modernisieren und zu rationalisieren. Der Markt teilt sich zunehmend in Hotelketten wie Ibis und Motel One auf, die besonders billige Angebote zur Verfügung stellen, und Luxusherbergen. Die Budget-Hotellerie deckt derzeit in Deutschland rund fünf Prozent des Marktes ab, in den nächsten zehn Jahren könnte der Anteil Experten zufolge auf 25 Prozent gestiegen sein. Aber auch die Top-Adressen bauen ihren Marktanteil beständig aus.

Lieferantenstruktur

Das Hotelgewerbe ist durch eine feingliedrige Lieferantenstruktur gekennzeichnet. Wäschereien übernehmen die Pflege der anfallenden Wäsche. Dabei wird heute vermehrt Mietwäsche eingesetzt, eine Entwicklung, die sich angesichts strikter Renditevorgaben noch verstärken wird. Der größte Teil des Bedarfs an Lebensmitteln kann über Großhändler abgedeckt werden. Es zeichnet sich aber bei Lebensmitteln ab, dass die Entwicklung weg von vielen unabhängigen Einzellieferanten hin zum Systemlieferanten verläuft. Gebäudedienste werden in Hotels entweder selbst durch einen eigenen Mitarbeiter geleistet oder an ein Facility Management ausgegliedert. Zimmerreinigung und Service werden in der Regel von eigenen Mitarbeitern ausgeführt, erst in jüngster Zeit werden diese Dienstleistungen an Externe ausgegliedert. Bei den Energiekosten werden Hotelbetreiber in Zukunft noch mehr auf Kostensenkung achten.

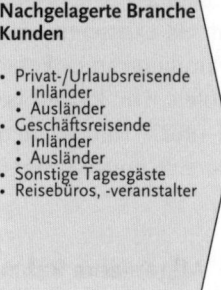

Vorgelagerte Branche Lieferanten	Beschriebene Branche Wettbewerb	Nachgelagerte Branche Kunden

• Hotelausrüster Inventar
• Lebensmittelhandel
• Wäschereien
• Energie
• Non-Food-Großhandel (Verbrauchsartikel)
• Geschirr-, Besteck-, Porzellanhandel
• Putz-/Reinigungsdienste
• DV- und TK-System-Lieferanten
• Gebäudewartung/ -instandhaltung
• Reisebüros, -veranstalter
	• Hotels
	• Hotel garni
	• Gasthöfe
	• Pensionen
		• Privat-/Urlaubsreisende
		  • Inländer
		  • Ausländer
		• Geschäftsreisende
		  • Inländer
		  • Ausländer
		• Sonstige Tagesgäste
		• Reisebüros, -veranstalter

Abb. 17: Wertschöpfungskette der Hotellerie
Quelle: Kerkhoff Consulting

Kundenstruktur

Hotelkunden sind Geschäftsreisende oder Touristen. Auf dem deutschen Markt sind die Hoteliers besonders stark bei Tagungs-, Business- und Städtekurzreisen. Allerdings ist der Businesssektor mit Geschäftsreisen und Tagungen besonders konjunktursensibel. Bei Touristen ist die Zahl der Familienreisen schon heute rückläufig. Die Gruppe der 60- bis 69-Jährigen hingegen zeigt eine Reiseintensität von 75 Prozent, Tendenz steigend. Auch die Gruppe der Erholungssuchenden, die Wellness- und Naturangebote buchen, ist von steigender Bedeutung. Gleiches gilt für Service und Bequemlichkeit bis hin zum Reisen unter ärztlicher Aufsicht. Das zeigt sich in der steigenden Nachfrage nach höherwertigen Hotels und Ferienwohnungen mit möglichst individuellem Aussehen.

Seit Beginn der Wirtschafts- und Finanzkrise 2008 stagniert die Zahl der ausländischen Besucher in Deutschland: 2008 wurden nach Angaben der Europäischen Statistikbehörde Eurostat 45,4 Millionen Übernachtungen ausländischer Gäste gezählt. Insgesamt lag die Zahl bei 219,3 Millionen Übernachtungen.

Wettbewerbsstruktur

In der Hotellerie herrscht intensiver Verdrängungswettbewerb, bei dem das Wachstum der Hotelketten zu Lasten der kleinen und mittelständischen Unternehmen geht. Wie gesättigt der Markt bereits ist, zeigt sich in der ständig sinkenden Auslastung der Häuser. Die Expansion ausländischer Gruppen in Deutschland verschärft den Wettbewerb weiter.

Dabei spaltet sich der Markt in zwei Teile: zum einen in Billighotelketten, zum anderen in Hotels, die sich auf spezielle Zielgruppen wie Tagungsteilnehmer und Wellness-Urlauber fokussieren. Um den immer weiter zunehmenden Wettbewerb abzufedern, werden viele kleinere und mittlere Unternehmen entweder aufgeben oder sich zu Kooperationen zusammenschließen, um ähnlich wie die großen Ketten bestimmte Alleinstellungsmerkmale zu erreichen.

Trendentwicklung

Betrachten wir die KC-Trendmatrix, wird die Hotellerie in Zukunft beeinflusst durch die Bereiche

- Gesellschaft,
- Technologie,
- Ökologie.

Trends, die die Gesellschaft von morgen beeinflussen:

- demografischer Wandel: Die Generation 50plus bestimmt mit ihren Wünschen den Reisemarkt in Deutschland
- Urbanisierung: Städtereisen werden stets beliebter,
- Globalisierung: Immer mehr und vor allem immer unterschiedlichere Gäste aus allen Ländern der Welt kommen zu Besuch nach Deutschland und wünschen einen ansprechenden und individuellen Service

Trends, die die Technologie von morgen beeinflussen:

- Connectivity: Immer mehr Menschen gehen online – und kaufen auch Dienstleistungen wie Hotelzimmer bequem übers Netz ein

Trends, die die Ökologiebewegung von morgen beeinflussen:

- Ökologische Zertifizierungen machen es den umweltbewussten Konsumenten möglich, ihre Konsumentscheidung ganz bewusst für oder gegen ein bestimmtes Produkt zu fällen

Die Zukunft der Hotellerie: Szenarien und ihre Konsequenzen für den Einkauf

Szenario 1: Übernachtung nur Beiwerk

Am 22. August 2020 feiert das Ehepaar Schulz den 50-jährigen Hochzeitstag. Das »goldene« Datum ist ein besonderer Grund zum Feiern, daher haben die vitalen Senioren auch ein besonderes Hotel für einen kleinen Urlaub gewählt. Das Haus im Grünen überzeugt durch eine Kombination aus Fitness- und Wellness-Angeboten, guter Küche und angenehmer Atmosphäre. Frau Schulz hat Massage und einen Aerobic-Kurs gebucht, Herr Schulz trainiert täglich auf dem Golfplatz. Am Hochzeitstag wollen die beiden schlemmen. Ihnen wird ein individueller Menüplan vorgelegt, der von einer Ernährungsberaterin vorab aufgestellt wurde. Das fünfgängige Biomenü ist ganz auf die Wünsche der beiden gesundheitsbewussten Senioren abgestimmt. Ein Hotelaufenthalt also, bei dem alles stimmt.

Welche Konsequenzen hat das für den Einkauf?

Infolge der prognostizierten Entwicklung wird die Übernachtung in Zukunft noch weniger Anteil am gesamten Angebot eines Hotels sein. Individuelle Wünsche der Gäste beziehen sich nicht nur auf das Freizeitangebot, sondern vor allem auch auf Essen und Getränke. Der Einkauf eines Hotels muss sich daher in Zukunft noch stärker zweiteilen: wiederkehrende Bedarfe für den täglichen Betrieb und Projekteinkauf für spezielle Kundenwünsche. Dabei wird es in Zukunft nicht reichen, beispielsweise einfach Fisch zu kaufen. Spezielle Wünsche wie Bio, naturschonender Fang und schonende Verarbeitung werden durch die Kunden vorgegeben. Viele Wünsche werden dann durch den Standardlieferanten nicht mehr abgedeckt werden können. Der Einkauf muss sich somit frühzeitig einen Lieferantenpool aufbauen, der kurzfristig auch ausgefallene Wünsche befriedigen kann. Dabei wird sicher eine Vorgabe für den Einkäufer sein, sich auch mit internationalen Lieferanten verständigen zu können. Eine weitere Vorgabe ist die Rückverfolgung der Artikel – für Kunden eines Hotels gerade im Bereich Nahrungsmittel ein absolutes Muss. Schlechte Qualität kann sich kein Dienstleister mehr leisten.

Für die wiederkehrenden Bedarfe (z. B. Reinigung) gilt es, einen günstigen Lieferanten für die verlangte Qualität zu finden, denn der Rahmen für die Zusatzangebote muss stimmen.

Versicherungen heute und morgen

Versicherungen umfassen in Deutschland eine große Bandbreite von Dienstleistungen: von der Industrie- über die Sach- bis zur Personenversicherung. Der Versicherungsmarkt ist streng nach Sparten getrennt: Lebensversicherungen, Krankenversicherungen und Kompositversicherungen, also Schaden- und Unfallversicherungen, müssen in eigenständige Versicherungsunternehmen eingegliedert sein. Im April 2009 waren 600 deutsche Versicherungsunternehmen bei der Bundesfinanzaufsicht (BaFin) gemeldet. Das Prämienvolumen der Unternehmen belief sich im Jahr 2008 auf 210 Milliarden Euro.

Allgemeine Rahmenbedingungen

Der stark regulierte und fragmentierte Versicherungsmarkt in Deutschland unterliegt einem harten Wettbewerb. Die Wachstumschancen der Branche sind begrenzt, der Markt ist weitgehend gesättigt, den Gesellschaften fehlt es an Neukunden. Die Deutschen sind im Schnitt mit 4,5 Policen relativ gut versichert. Dennoch drängen zunehmend ausländische sowie fachfremde Anbieter wie Fondsgesellschaften oder Banken auf den Markt und greifen vor allem eine klassische Domäne der Versicherer an: die Altersvorsorge. Folge: Im Segment der privaten Vorsorge, hier insbesondere bei den staatlich geförderten Rürup- und Riesterprodukten, wird der Wettbewerb immer heftiger.

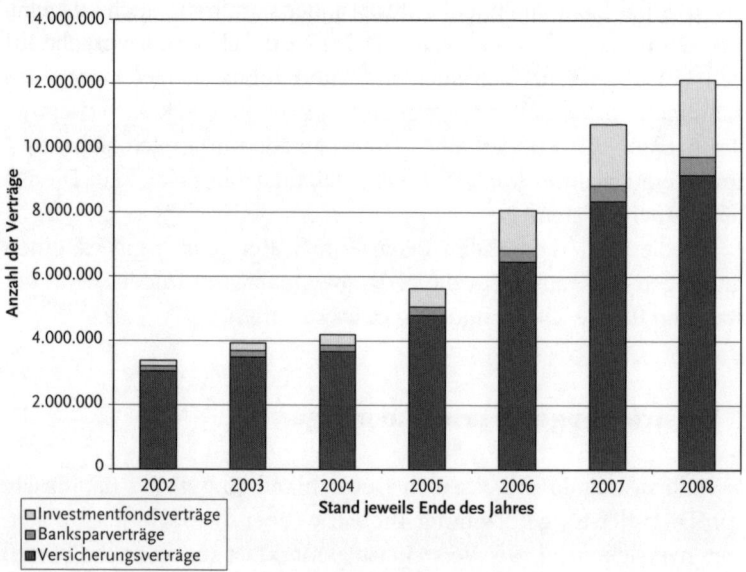

Abb. 18: Entwicklung der Riester-Verträge 2002–2008
Quelle: Bundesministerium für Arbeit und Soziales
(Stand 31.12.2008)

Lieferantenstruktur

Deutsche Versicherer besitzen noch eine Fertigungstiefe von 80 Prozent. Die meisten Arbeitsschritte von der Entwicklung bis zum Aufbau und Vertrieb eines Produktes werden selbst geleistet. Der Druck ist jedoch inzwischen so groß, dass selbst altbewährte Geschäftsmodelle auf den Prüfstand gestellt werden. Während die großen börsennotierten Versicherungskonzerne auch ins Ausland – etwa nach Asien – gehen können, um Kunden zu gewinnen, sind die kleineren Unternehmen, Regionalversicherer oder die Versicherungsvereine der Sparkassen oder Genossenschaften auf die Industrialisierung der Prozesse angewiesen. Das heißt: Die Versicherungsbranche übernimmt erfolgreiche Produktionsmethoden aus der Industrie, um ebenfalls Kostenvorteile zu gewinnen.

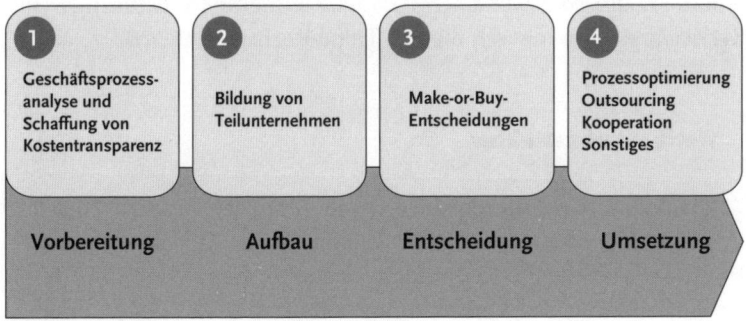

Abb. 19: Vier Phasen der Industrialisierung in Versicherungsunternehmen
Quelle: Branchenreport Versicherung 2007, Seite 54

Outsourcing, Standardisierung, Modularisierung, Automatisierung werden dazu führen, dass Versicherer ihre Wertschöpfungskette aufbrechen. Häufig diskutiert wird die Auslagerung der IT, die heute noch überwiegend von Tochtergesellschaften erbracht wird. Wenn der Gesetzgeber entsprechende Regeln erlaubt, dürfte künftig auch der Postversand weitgehend über elektronische Medien ablaufen. Im Marketing wird Printwerbung fast vollständig durch Onlinemedien ersetzt.

Kundenstruktur

Der demografische Wandel verändert die Kundenstruktur der Versicherungen nachhaltig. Heterogene sowie ausgewogene Strukturen werden zunehmend aufbrechen. Versicherer werden immer mehr ältere Kunden haben, der Kampf um junge Verbraucher oder Familien wird zunehmen. Die Konsequenzen für das Privatkundengeschäft sind erheblich: Die steigende Lebenserwartung in Verbindung mit dem Gefühl, dass die gesetzliche Altersvorsorge für einen sorgenfreien Lebensabend nicht mehr ausreicht, führt zu einem wachsenden Absicherungs- und Versorgungsbedarf. Um sich den Lebensumständen einer älter werdenden Gesellschaft anzupassen, müssen die Angebote zudem flexibler werden. Kunden sind darüber hinaus dank moderner Medien heute recht gut informiert, bevor sie mit einem Makler oder Versicherer Kontakt aufnehmen. Beratungs- und Servicestrategien müssen diesem Trend Rechnung tragen.

Wettbewerbsstruktur

Regulatorische Anforderungen und Branchenstandards machen Versicherungsprodukte weltweit vergleichbarer. Seit der Liberalisierung des Marktes in Deutschland schreitet hierzulande die Internationalisierung der Versicherungswirtschaft voran. Internationale Konzerne mischen längst kräftig mit: Von den zehn größten Versicherungsgruppen stammen bereits drei aus europäischen Ländern. Das sind die italienische Generali, die französische Axa sowie die Zurich aus der Schweiz. Rund die Hälfte der Versicherer, die in Deutschland eine Zulassung haben, kommt heute aus dem Ausland. Gleichzeitig drängen deutsche Schwergewichte wie die Ergo AG oder die Allianz AG seit Jahren auf internationale Märkte in Europa, Amerika oder Asien. Da auch immer mehr Kreditinstitute oder auch Fondsgesellschaften Versicherungen als lukratives Geschäft entdecken, ist in Deutschland ein hochkomplexer und wettbewerbsintensiver Markt entstanden.

Trendentwicklung

Betrachten wir die KC-Trendmatrix, wird die Versicherungswirtschaft in Zukunft beeinflusst durch die Bereiche

- Gesellschaft,
- Technologie,
- Märkte & Politik,
- Ökologie.

Trends, die Märkte und Politik von morgen beeinflussen:

- Komplexe Systeme: Neue regulatorische Bedingungen in der Versicherungsbranche werden neue und individuelle Produkte entstehen lassen
- Sicherungssysteme: Weniger Vertrauen in das soziale Netz wird den Bedarf an individueller Vorsorge weiter wachsen lassen
- Effizienz: Um Kosten zu senken, ist die Beschaffung von Schadensleistungen durch Versicherer ein Thema – so gibt es bereits Kfz-Versicherungen, die die Werkstatt zur Reparatur des Kfz-Schadens vorschreiben

Trends, die die Gesellschaft von morgen beeinflussen:

- Demografie: Die Generation 50plus bestimmt mit ihren Wünschen nach einem sicheren und sorgenfreien Leben den Versicherungsmarkt
- Globalisierung: Immer mehr ausländische Anbieter dringen auf den bereits gut erschlossenen deutschen Versicherungsmarkt und verschärfen die Konkurrenzsituation

Trends, die die Technologie von morgen beeinflussen:

- Connectivity: Je höher der Anteil der papierlosen Schritte innerhalb der Prozesskette, umso schneller kann die Bearbeitung erfolgen, zudem entfallen Kosten für Druck und Porto

Trends, die die Ökologie von morgen beeinflussen:

- Umwelt: Der Klimawandel beeinflusst zunehmend das Geschäft von Sachversicherern, die Policen gegen Klimakatastrophen entwickeln

Die Zukunft der Versicherungen: Szenarien und ihre Konsequenzen für den Einkauf

Szenario 1: Schadensregulierung auf der Datenautobahn

Ehepaar Schulz aus Düsseldorf besitzt seit dem Frühjahr 2020 einen großen Hofhund, der den ans Haus angrenzenden Garten bewacht. Wie vom Gesetzgeber vorgeschrieben, haben die beiden für einen Hund der Rasse Hovawart, der höher als 40 Zentimeter ist, eine Tierhalterhaftpflichtversicherung abgeschlossen. Nach ausgiebiger Recherche im Internet wird ein passendes Angebot gefunden und abgeschlossen. Zwei Jahre nach dem Kauf des Hundes passiert das Unglück: Der sonst friedvolle Hund beißt auf einem Spaziergang völlig überraschend ein Kind, das das Tier streicheln wollte. Herr Schulz reagiert schnell, ruft den Notarzt. Der Rettungssanitäter erhält die Versicherungsnummer. Noch am gleichen Abend ruft das Callcenter der Assekuranz an und bestätigt, dass der Schadensfall vom Krankenhaus samt Diagnose gemeldet wurde. Die Mitarbeiterin bittet um Bestätigung der Angaben und kann bereits zehn Minuten später eine Schilderung des Vorfalls per E-Mail zusenden. Zwei Wochen später erhält Herr Schulz eine E-Mail, in der ihm die Versicherung mitteilt, dass sie den entstandenen Schaden reguliert hat.

Welche Konsequenzen hat das für den Einkauf?

Wegen des Wettbewerbsdrucks spielt der Einkauf bei Versicherungen eine zunehmend wichtige Rolle, um sich von den Wettbewerbern abzusetzen. Bereits bei der Entwicklung von Produkten, analog produzierenden Unternehmen, wird der Einkauf einzubinden sein, um einen möglichst kostengünstigen Versicherungsbeitrag zu gewährleisten. In unserem Beispiel müssen neben den Kosten für die Behandlung auch die Kosten für die Abwicklung betrachtet werden. Die Prozesse werden immer stärker elektronisch abgewickelt werden. Das bedeutet zum einen weniger Papier, zum anderen aber auch eine lückenlose Bereitstellung und Verfügbarkeit von Technologie (Informations- und Kommunikationstechnik). Wenn nur elektronische Kommunikation möglich ist, muss diese auch 24 Stunden an 7 Tagen in der Woche verfügbar sein. Der zweite wichtige Bereich ist die Schadensabwicklung. Hier müssen Dienstleistungen von anderen Unternehmen (z. B. der Tierarzt oder die Kfz-Werkstatt) für die Kunden zur Verfügung stehen. Rahmenabkommen oder feste Kostensätze sind durch den Einkauf in der Entwicklungsphase eines Produktes zu definieren, Alternativen zu kalkulieren. Da die Versicherungsnehmer zunehmend mobiler werden – und das nicht nur in Deutschland oder Europa –, muss eine Schadensregulierung, wenn es die Police zusagt, weltweit möglich sein. Und das für immer mehr Produkte, denn die gesellschaftlichen Trends fordern immer mehr individuelle Angebote.

Gesundheitswesen heute und morgen

Der Gesundheitsmarkt wird in Deutschland von verschiedenen Branchen bestimmt. Dazu gehören Krankenhäuser, Hochschulkliniken sowie Vorsorge- und Rehabilitationseinrichtungen. Das Leistungsspektrum der Krankenhäuser lässt sich aufteilen in stationäre, teilstationäre und ambulante Leistungen. Beim Vergleich der Gesundheitsausgaben in den OECD-Ländern lag Deutschland 2006 mit einem Anteil von fast elf Prozent des Bruttoinlandsproduktes an vierter Stelle. Das deutsche Gesundheitssystem ist damit eines der teuersten der Welt. Die öffentliche Hand trug 77 Prozent dieser Kosten. Ingesamt summierten sich 2006 die Krankheitskosten auf etwa 236 Milliarden Euro. 47 Prozent dieser Kosten entstanden bei Menschen ab 65 Jahren.

Finanziert wird das Gesundheitssystem überwiegend über Versicherungsbeiträge, die in der Regel paritätisch von Arbeitnehmern und Arbeitgebern aufgebracht werden. Etwa 90 Prozent der Bevölkerung sind in der gesetzlichen Krankenversicherung (GKV), knapp zehn Prozent sind privat versichert (PKV). 2007 arbeiteten 4,4 Millionen Personen in der Gesundheitswirtschaft. Das waren etwa zehn Prozent aller Beschäftigten in Deutschland.

Allgemeine Rahmenbedingungen

Der Krankenhausmarkt unterliegt strengen regulatorischen Regeln, daher sind das Leistungsangebot und damit auch die Preise überwiegend durch Gesetze und Verordnungen auf Bundes- und Länderebene geregelt. Der größte Teil der betrieblichen Umsätze von Krankenhäusern wird durch stationäre Leistungen erbracht. Trotz des zunehmenden Interesses der Bevölkerung an gesundheitsbezogenen Produkten und Dienstleistungen geht die Zahl der Krankenhäuser zurück. Gab es 1991 noch 2.411 Krankenhäuser, so waren es 2007 nur noch 2.087 Einrichtungen (minus 13 Prozent; Quelle: Statistisches Bundesamt). Zudem sinkt die Verweildauer in den Krankenhäusern. Das liegt erstens am medizinisch-technischen Fortschritt und zum anderen an den Effizienzsteigerungen der Kliniken.

Lieferantenstruktur

Das Gesundheitswesen verfügt über eine ganze Reihe von Zulieferbetrieben: Dazu gehören die pharmazeutische Industrie, die Medizin- und Gerontotechnik, die Bio- und Gentechnik, das Gesundheitshandwerk sowie der Groß- und Einzelfachhandel mit medizinischen und orthopädischen Produkten, aber auch Wäschereien und Reinigungsdienste.

Das größte Zuliefervolumen machen Arzneimittel aus. Der Großhandel ist die Drehscheibe zwischen den rund 21.500 Apotheken und den etwa 1.500 Arzneimittelherstellern in Deutschland. In den vergangenen Jahren hatte die Branche mit Umsatzrückgängen zu kämpfen. Ursachen sind der steigende Marktanteil preiswerter Arzneimittel (Generika) infolge neuer Gesetze sowie die zunehmende Direktbelieferung durch Pharmahersteller; alleine dieser Anteil hat sich seit 2000 mehr als verdoppelt und ist der mit Abstand höchste Wert europaweit.

Derzeit zeichnet sich die Entwicklung ab, dass beim Einkauf von Arzneimitteln Jahresverträge mit einem Anbieter oder Einkaufsverbünde mit anderen Häusern abgeschlossen werden, um bessere Konditionen zu erzielen. Die Nachfrage nach Zulieferungen aus der

Medizintechnik hat in den vergangenen Jahren stark zugenommen und wird wegen der technologischen Entwicklung weiter wachsen. Deutschland hat auf diesem expandierenden Weltmarkt eine starke Stellung, was die hohen Exportquoten der Branche belegen. Wichtige Märkte für deutsche Hersteller medizintechnischer Produkte sind die USA und die Länder der Europäischen Union. Allerdings steigen jüngst auch die Nachfragen aus Schwellenländern kräftig an. Krankenhausnahe Dienstleistungen wie Lebensmittelversorgung und Wäschereien werden immer häufiger an private Dienstleister ausgelagert. Beide Dienstleistungen können von Externen häufig preiswerter angeboten werden, bei den Wäschereien kommt hinzu, dass das Volumen an Schmutzwäsche in den vergangenen Jahren immer weiter angewachsen ist, da die Patienten immer kürzer im Krankenhaus bleiben und entsprechend häufiger z. B. die Bettwäsche gewechselt werden muss.

Kundenstruktur

Dank des raschen medizinisch-technischen Fortschritts erfreuen sich immer mehr Menschen eines langen und gesunden Lebens. Die Entwicklung wirkt sich direkt auf die Art der Leistungen aus, die angefragt werden. Die Nachfrage tangiert im Gegenzug die notwendigen medizinischen Geräte, Medikamente und sonstigen Dienstleistungen. Die Ansprüche der Patienten im Alter von 50 bis 85 Jahren, die bereits heute 56 Prozent der zu versorgenden Personen im Krankenhaus ausmachen, werden die zukünftige Beschaffung im Gesundheitsbereich entscheidend prägen. Speziell Hilfsmittel sind hier zu nennen.

Wettbewerbsstruktur

Die Krankenhausbranche ist durch einen hohen Anteil von Einrichtungen im kleineren und mittleren Segment gekennzeichnet. Mittelgroße Kliniken decken fast 50 Prozent des Marktes ab. Allerdings haben nur die kleinen Häuser in den vergangenen 20 Jahren

Marktanteile hinzugewinnen können. Seit 1991 haben sie rund 23 Prozent dazugewonnen.

Grund für die Veränderung der Wettbewerbsstruktur: Wegen des medizinisch-technischen Fortschritts können heute viele Behandlungen ambulant durchgeführt werden. Minimalinvasive Eingriffe sind dank Endoskopietechnik weit verbreitet und auf ambulanter Basis erheblich kostengünstiger als stationäre Aufenthalte. Dadurch machen neue Wettbewerber wie Praxiskliniken den Krankenhäusern Marktanteile streitig. Für Krankenhäuser bietet sich etwa die Möglichkeit, sich weiter zu spezialisieren. Dieser Trend zeigt sich derzeit zum Beispiel an der steigenden Zahl so genannter medizinischer Versorgungszentren.

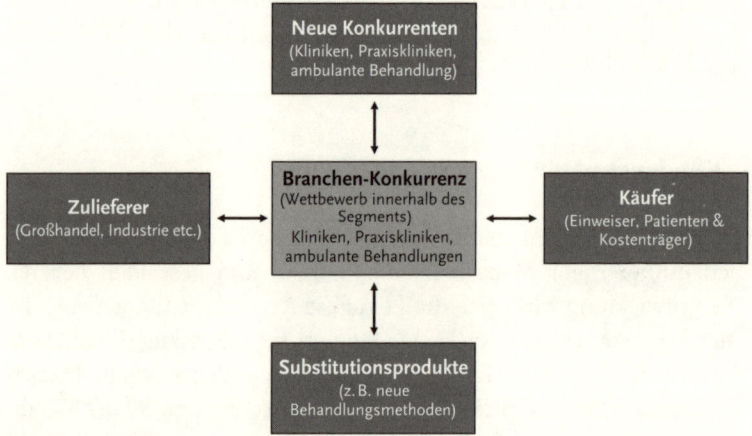

Abb. 20: Wettbewerbsstruktur Gesundheitswesen
Quelle: Kerkhoff Consulting

Trendentwicklung

Betrachten wir die KC-Trendmatrix, wird das Gesundheitswesen in Zukunft beeinflusst durch die Bereiche

- Märkte & Politik,
- Gesellschaft,
- Technologie.

Trends, die Märkte und Politik von morgen beeinflussen:

- Komplexe Systeme: Die sich rasch verändernden regulatorischen Bedingungen im Gesundheitswesen machen eine weitere Rationalisierung aus Kostengründen unausweichlich. Durch die Veränderungen müssen sich die bisher abgeschotteten Märkte des Gesundheitswesens neuen Herausforderern stellen und sich entsprechend spezialisieren.
- Die Privatisierung im Krankenhaussektor wird voranschreiten
- Der Ausbau von Klinikketten zur Reduzierung von Kosten wird weiter voranschreiten.
- Immer mehr Krankenhausdienstleistungen werden auf freiwilliger Basis gegen Rechnung verkauft, da individuelle Wünsche immer weniger von den Krankenkassen und damit von der Allgemeinheit getragen werden.

Trends, die die Gesellschaft von morgen beeinflussen:

- Demografischer Wandel 1: Die Generation 50plus wird die größte Bevölkerungsgruppe. Da sie auch die häufigste Patientengruppe bildet, werden sich medizinische Dienstleister und Pharmaunternehmen auf die bei dieser Altersgruppe häufigsten Krankheiten konzentrieren.
- Demografischer Wandel 2: Andererseits haben Menschen, die gesünder älter werden und für ihre Gesundheitsvorsorge viel Geld bezahlen müssen, hohe Qualitätsansprüche in Bezug auf Verpflegung und Dienstleistungen zertifizierte Bioware bringt beispielsweise Wettbewerbsvorteile.
- Globalisierung: Ausländische Anbieter dringen auf den gut erschlossenen deutschen Gesundheitsmarkt und verstärken die Konkurrenzsituation.

Trends, die die Technologie von morgen beeinflussen:

- Miniaturisierung: Minimalinvasive Eingriffe mittels Endoskopietechnik werden zunehmend angewendet. Das gilt zum Beispiel bei Knochen- und Hüftgelenksoperationen, die bei der Altersgruppe über 65 Jahren die häufigsten operativen Eingriffe sind.

- Neue Werkstoffe: Neue Materialien werden im Bereich Prothesen und künstliche Organe eingesetzt.
- Connectivity 1: Mehr Menschen können sich anhand spezialisierter und geprüfter Datenbanken vor ihren Klinikaufenthalten gezielt vorbereiten.
- Connectivity 2: Neue Datenmanagementsysteme beispielsweise für Diabetiker übermitteln Zuckerspiegeldaten per Funksender jede Minute rund um die Uhr. Glukoseinformationen in Echtzeit eröffnen so neue Dimensionen in der Diabetestherapie.

Die Zukunft der Gesundheitsbranche: Szenarien und ihre Konsequenzen für den Einkauf

Szenario 1: Genesung mit Wohlfühlfaktor

Werner Sinsheim feiert am 12. März 2020 seinen 70. Geburtstag. Der ehemalige Besitzer einer Spedition hat bereits gesundheitliche Probleme. Er kämpft mit Bandscheibenproblemen, Krampfadern, Knieproblemen. Seine Frau Margot ist zwei Jahre älter und leidet an Übergewicht, Diabetes sowie schwerer Arthrose. Anhand von geprüften Datenbanken informiert sich das Paar regelmäßig über seine Krankheitsbilder, Symptome, neue Therapieformen und Medikamente. In einem modernen medizinischen Versorgungszentrum, kaum zehn Minuten von zu Hause entfernt, wird das Ehepaar trotz unterschiedlicher Symptomatik optimal betreut. Neben der direkten Behandlung bietet die Klinik Wellness-Angebote an, zudem steht für die gehbehinderte Frau Sinsheim ein geländegängiger und selbstnavigierender Rollstuhl zur Verfügung. Nach mehreren erfolgreichen Operationen, die überwiegend ambulant durchgeführt wurden, will das Ehepaar Sinsheim jedes Jahr wiederkommen, um weitere gesundheitsfördernde Maßnahmen in Anspruch zu nehmen. Ihr Ziel ist es, den 80. Geburtstag mit ihrer Familie auf einem Kreuzfahrtschiff zu feiern. Dafür muss aber die Gesundheit stimmen.

Welche Konsequenzen hat das für den Einkauf?

Der Spagat zwischen optimaler Versorgung der Patienten und Kostendruck wird auch in Zukunft nicht abnehmen. Dieser Trend wird sich weltweit zeigen, die Ansprüche von Patienten werden auch in Schwellenländern steigen. Reisen heute gutbetuchte Patienten um die Welt für die bestmögliche medizinische Versorgung, werden sie diese in Zukunft auch in ihren Heimatländern vorfinden können. Die Nachfrage nach Medikamenten und nach Hilfsmitteln kann so zu einem Verteilungskampf führen, die Sicherstellung der Versorgung tritt damit in den Fokus des Einkaufs. Und unter den Rahmenbedingungen einer möglichst kostengünstigen Versorgung beginnt auch der Wettlauf um die besten Lieferanten weltweit. Innovationen sind meistens durch zwei Hintergründe getrieben: neue, bessere Produkte oder alternative, kostengünstigere Produkte. Das Auffinden von diesen innovativen, vielleicht auch kostengünstigeren Produkten ist der nächste wichtige Trend für den Einkauf im Gesundheitswesen. Das hat vor allem Auswirkungen auf die Organisation von Einkaufsabteilungen. Innovationen zeitnah zu finden, zu erkennen und für die eigene Organisation zu sichern, kann nicht vom Schreibtisch aus erfolgen, sondern benötigt Zeit, weltweite Recherche und fachliche Kenntnisse. Vergleichbar einem Modescout müssen Lieferanten und Messen nicht nur im Gesundheitssektor besucht werden, um Innovationen bei Werkstoffen, Produktionsverfahren und Produkten vor der Konkurrenz zu finden. Vielleicht ist gerade der selbstnavigierende Rollstuhl in Zukunft ein Argument für die Auswahl einer Krankenkasse.

Kapitel 5
Die Megatrends für den Einkauf

Das kommende Jahrzehnt wird für die Unternehmen in Deutschland so dramatisch wie das vergangene: Die Einführung des Euro 1999, das Platzen der »Dotcom-Blase« 2000, die Folgen der Terroranschläge vom 11. September 2001 in den USA, der Börsencrash zwischen 2000 und 2003 sowie die globale Finanz- und Wirtschaftskrise ab 2007 haben Mittelständlern und Konzernen ein hohes Maß an Flexibilität und Innovationskraft abverlangt – und vielfältige Trends ins Leben gerufen. Bis 2020 werden neue geopolitische, gesellschaftliche sowie technische Umbrüche Unternehmen vor wieder neue Aufgaben stellen. Sie werden auf multiple Strömungen reagieren müssen und selber Trends initiieren. Als eine der führenden Spezialberatungen für Beschaffung in Deutschland setzen wir uns bei Kerkhoff Consulting intensiv mit Trends und ihren Konsequenzen für den Einkauf auseinander. Denn wir wollen im Sinne unserer Klienten zukünftige Herausforderungen entschlüsseln und schon jetzt tragfähige Handlungsoptionen mit ihnen entwerfen. Das ist eine faszinierende Arbeit! Denn Umbrüche, die sich früher über Generationen hinzogen, müssen heute innerhalb weniger Jahre gemeistert werden. Die Megatrends für den Einkauf in den nächsten zehn Jahren sind vielfältig und teilweise sehr branchenspezifisch. Schaut man sich aber branchenübergreifend die einzelnen Trends an und vernetzt diese, kommen wir auf vier Megatrends, die wahrscheinlich alle Unternehmen betreffen werden. Ihre Quintessenz lautet: Die Relevanz des Einkaufs in Unternehmen wird in den nächsten Jahren noch einmal deutlich zulegen.

Einkaufsagenda 2020. Gerd Kerkhoff
Copyright © 2010 WILEY-VCH Verlag GmbH & Co. KGaA, Weinheim
ISBN: 978-3-527-50501-2

Zukunft formen

Der Status quo in Einkaufsabteilungen in Europa, Nordamerika und Asien, die Entwicklung von Lieferantenstrukturen in unterschiedlichen Branchen sowie klar erkennbare Tendenzen auf nationalen sowie internationalen Beschaffungsmärkten machen deutlich, dass sich Einkaufsabteilungen bis 2020 mit vier Megatrends beschäftigen müssen:

1. **Der Einkauf erhält als Steuerungsfunktion in Unternehmen zunehmend Gewicht.**

2. **Nachhaltigkeit in der Beschaffung etabliert sich als zentraler Faktor.**

3. **Der Wettbewerb um Experten für Beschaffung nimmt zu.**

4. **Der Kampf um Energie und knappe Rohstoffe gewinnt an Fahrt.**

Schaut man sich dazu die Trendkategorien aus Kapitel zwei an, spiegelt sich die Auswahl hier wider. Die Trendkategorie Gesellschaft bildet für alle der hier vorgestellten Megatrends die Basis. Das sich verändernde Verhalten der Konsumenten, mehr Individualismus, die Generation 50plus, Wertewandel und Mobilität stehen für Trends auf der Abnehmerseite, die in gewissem Grad die Produkte, die zu beschaffen sind, beeinflussen. Für alle anderen Trendkategorien findet sich jeweils ein Megatrend, der nicht nur die Trends der jeweiligen Kategorie, sondern auch Trends aus anderen Kategorien vernetzt. So basiert der erste Megatrend auf der Kategorie »Techniktrends«, der zweite auf der Kategorie »Ökologie«, der dritte auf »Personal« und der vierte auf der Kategorie »Märkte & Politik«.

Im Folgenden werden wir diese vier Megatrends beschreiben, nicht umfassend, aber in ihren Strukturen. Die Ausprägungen der einzelnen Megatrends werden sich sicher nach Branche, nach Unternehmensgröße und nach Stellung im Markt unterscheiden. Aus diesem Grund gehen wir auch nicht tiefer auf die vier Megatrends ein. Wir sehen diese als Anstoß für Sie, Ihr eigenes Unternehmen als Grundlage zu nehmen und die Relevanz dieser Megatrends zu überprüfen.

Einkauf als Steuerungsfunktion in Unternehmen

Das Aufgabengebiet und der Einfluss des Bereichs Einkauf/ Supply Chain wird sich ohne Zweifel in den nächsten Jahren stetig verändern. Bislang sind die Ziele in Einkaufsabteilungen klar definiert: Der Aufwand für den Einkauf soll durch ein strategisch ausgerichtetes Kosten- und Lieferantenmanagement gesenkt werden. Der Anspruch, den Einkaufsaufwand zu reduzieren, wird sich sicher nicht fundamental wandeln. Das ist und bleibt Kernaufgabe und -kompetenz von Beschaffungsexperten. Doch durch neue Trends wird sich der Fokus erweitern und damit einen noch größeren Einfluss auf die Gesamtprozesse in Unternehmen nehmen.

So wird es zu den Aufgaben des Einkaufs im Jahr 2020 nicht nur gehören, weltweit Beschaffungsmärkte und Lieferanten zu bewerten, die Rahmenbedingungen auszuhandeln und damit komplexe Lieferketten inklusive Risikomanagement über Kontinente hinweg aufzubauen, sondern auch innovative Partner, Produkte und Werkstoffe zu finden. Das heißt: Aus einer Vielzahl von Informationen entstehen Handlungsempfehlungen durch den Einkauf und damit eine direkte Vorgabe für die Produktionssteuerung, vor allem durch die Struktur der Lieferkette. Dabei gehören kurzfristige sowie langfristige »Make-or-buy«-Überlegungen, also ob bestimmte Leistungen selbst erbracht oder von Dritten in Anspruch genommen werden sollen, zur Standardanalyse für Produktionsvergaben. Es entsteht demnach ein kontinuierlicher Kosten-, Qualitäts- und Ideenwettbewerb zwischen der internen Produktion von Leistungen und dem Supply-Chain-Management. So werden künftig Produkt- oder Herstellungsideen aus der Lieferkette zur Normalität werden. Damit wird es immer mehr zu einem Wettbewerb der Lieferketten um Marktanteile anstatt zwischen einzelnen Produzenten kommen.

Die Vielzahl der komplexen Informationen im Supply-Chain-Management der Zukunft bedingen steigende Rechnerleistungen, neue, intelligente Softwarelösungen sowie eine zunehmende digitale Vernetzung der Produktionssteuerung innerhalb der Lieferkette. Eine Konsequenz daraus: Die Laufzeit von Projekten verkürzt sich drastisch. Doch während die notwendige Informationslogistik sicher zu erschwinglichen Preisen etabliert werden kann, wird die Beschleunigung der materiellen Logistik neue Konzepte nötig machen.

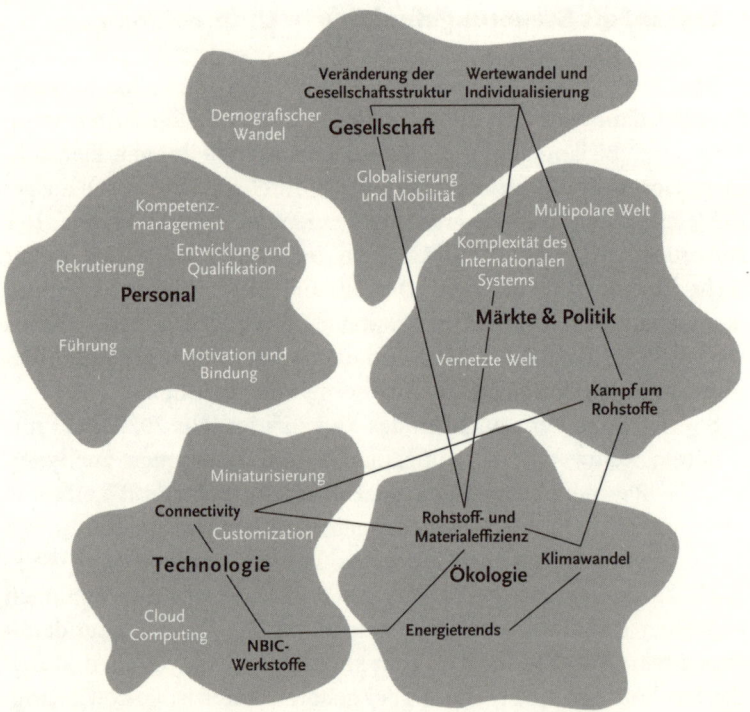

Abb. 21: Szenario »Einkauf als Steuerungsfunktion«
Quelle: Kerkhoff Consulting

Zwischen Fabriken ist und bleibt die durchschnittliche Geschwindigkeit etwa 15 Kilometer pro Stunde, innerhalb von Fabriken liegt sie bei rund einem Meter pro Tag.

Unter dem Strich wird also die Steuerungsfunktion des Einkaufs beständig an Bedeutung gewinnen – und zwar ganz unabhängig davon, ob ein Unternehmen marktgesteuert, produktionsgesteuert oder beschaffungsgesteuert ist. Die Frage, die sich stellt, ist: Wird es von einem heutigen »Primat des Absatzes« zu einem »Primat der Ressourcen« kommen?

Nachhaltigkeit in der Beschaffung

Die unternehmerische Verantwortung geht zunehmend über ökonomisch und sozial gewissenhaftes Handeln hinaus. Sie umfasst immer mehr auch sozial-ethische, wirtschaftliche sowie ökologische Dimensionen. Bei der Wahl der Geschäftspartner, insbesondere der Lieferanten, zeigt sich dieser Trend, der mit dem Oberbegriff »Nachhaltigkeit in der Beschaffung« definiert wird, sehr deutlich. Schon heute besitzen eine ganze Reihe von Firmen in Deutschland und Europa Kodizes für Lieferanten von Waren und Dienstleistungen, die Anforderungen an ethisches Verhalten oder die Einhaltung von Umweltstandards stellen.

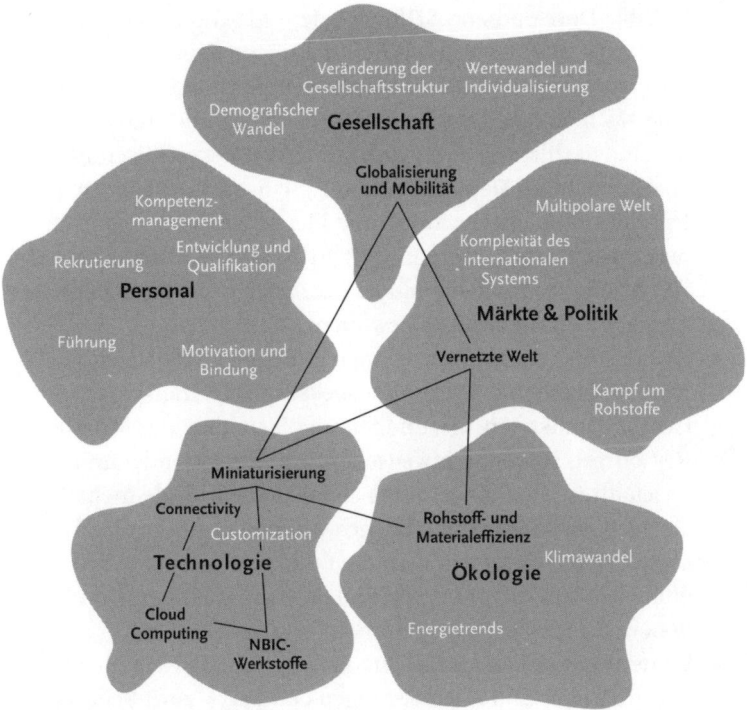

Abb. 22: Szenario »Nachhaltigkeit in der Beschaffung«
Quelle: Kerkhoff Consulting

Vier Gründe sind für den Trend, der sich in den kommenden Jahren ohne Zweifel noch weiter ausdehnt, ausschlaggebend:

- Erstens messen Verbraucher dem Thema »Nachhaltigkeit« bereits einen hohen bis sehr hohen Stellenwert bei; und das gilt nicht nur für Lebensmittelprodukte. Kunden erwarten verantwortungsbewusstes Handeln.
- Zweitens drängen staatliche sowie nicht-staatliche Institutionen in Deutschland und Europa auf nachhaltiges Wirtschaften: 1998 verankerte die Europäische Union im EG-Vertrag den Gedanken der »Nachhaltigen Entwicklung«. Im Juni 2001 verabschiedete der Europäische Rat in Göteborg dann eine Europäische Nachhaltigkeitsstrategie (European Strategy for Sustainable Development, SDS). Auf dem EU-Gipfel 2006 nahmen die Staats- und Regierungschefs dann eine neue EU-Nachhaltigkeitsstrategie an. Deutschland formulierte 2001 eine nationale Nachhaltigkeitsstrategie. Mit 21 Zielen und Indikatoren für eine nachhaltige Entwicklung werden Perspektiven für ein zukunftsfähiges Deutschland im 21. Jahrhundert aufgezeigt. Parallel sind Umweltschutz- und Menschenrechtsorganisationen sowie Bürgervereinigungen zu direkten Akteuren bei der Gestaltung rechtlich bindender oder auch freiwilliger Regelwerke pro Nachhaltigkeit geworden.
- Drittens erkennen Unternehmen zunehmend den Wert nachhaltigen Handelns: Korruptionsbekämpfung, transparente Geschäftspraktiken, Gesundheit und Sicherheit der Mitarbeiter, Ressourcen sparen, Umweltschonung, fairer Handel und faire Beschaffung sind längst keine altruistischen Ideale mehr. Verantwortliches Handeln wirkt sich positiv auf das Firmenimage aus. Dadurch steigt das Vertrauen und die Akzeptanz der Produkte bei den Konsumenten und das Unternehmen kann eine höhere Kundenloyalität erreichen.
- Viertens hat sich der Kapitalmarkt dem Thema Nachhaltigkeit angenommen und Anforderungen definiert – zum Beispiel über Nachhaltigkeits-Indizes wie den »FTSE4Good« oder den Dow Jones Sustainability Index. Die Indizes bilden Unternehmen ab, die erfolgreich »Corporate Social Responsibility«

(CSR) betreiben und damit eine zusätzliche Orientierung bei der Auswahl und Bewertung von Geldanlagen liefern.

Für den Bereich »Beschaffung« bedeutet Nachhaltigkeit, dass Ethikleitlinien einen übergeordneten Rahmen für alle Beschaffungsprozesse abbilden. Sie definieren verantwortungsvolles Handeln an der Schnittstelle zu Lieferanten und legen fest, wie ökonomisches Handeln mit moralischen Grundsätzen vereinbar ist. Damit erweitert sich das Dreieck aus Preis, Qualität und Service als zentrales Bewertungskriterium für Lieferanten um die Dimension »Nachhaltigkeit«. Wie werden Einkaufsabteilungen in Unternehmen darauf künftig reagieren?

1. Sie werden zunehmend die gesamte Lieferkette, von der Rohstoffgewinnung bis zur Anlieferung der Halbfertigprodukte am Wareneingang und bis zum Recycling, unter Nachhaltigkeitsaspekten betrachten.
2. Einkäufer erhalten eine neue Funktion als »Umweltmanager«, zuständig für nachhaltige Standards und deren Einhaltung.
3. Unternehmen müssen Einzelaspekte der Nachhaltigkeit wie etwa »Umwelt« mit Kennzahlen belegen. Dabei ist die Errechnung von Kohlendioxidvermeidungskosten aufgrund des Börsenpreises für CO_2 einfach, die Kalkulation monetärer Vorteile aufgrund fairer Zusammenarbeit in Bezug auf Zahlungsmoral oder Lieferqualität hingegen komplex.
4. Einkäufer werden ständig und weltweit nach Alternativprodukten und -dienstleistungen suchen müssen, die den Nachhaltigkeits-Standard in ihrem Unternehmen anheben.

Wettbewerb um das Personal

Aufgrund des demografischen Wandels und der verstärkten Abwanderung von Fach- und Führungskräften in das Ausland vollzieht sich in den nächsten Jahren ein »Paradigmenwechsel« bei der Rekrutierung. Es ist nicht mehr die Vakanz, die das Wirken von Human-Resources-Abteilungen leitet, sondern der künftige Bedarf. Das heißt: Im Kampf um gute Einkaufsleiter oder strategische Einkäufer muss Rekrutierung viel früher ansetzen. Denn vom ersten

Kontakt bis zum Vertrag können schnell ein bis zwei Jahre vergehen.

Der Vergleich mit dem Vertrieb eines hochwertigen Produkts weist viele Parallelen auf: Per Customer Relation Management bleibt ein Unternehmen am Kunden, ohne ihn zu belästigen. Beim Erstkontakt ist eine Absage normal; das Produkt muss oft sogar angepasst werden. Ähnlich wird die Suche nach exzellenten Mitarbeitern ablaufen: Es gilt, systematische Talent-Pools aufzubauen, einen wertschätzenden und professionellen Umgang bei jeder Form der Kontaktaufnahme zu garantieren sowie die Verlagerung des Bewertungsmaßstabes in Richtung »Potenzial« anstelle von »Kompetenz« zu institutionalisieren. Diese Trends werden die Rekrutierungspraxis grundsätzlich verändern.

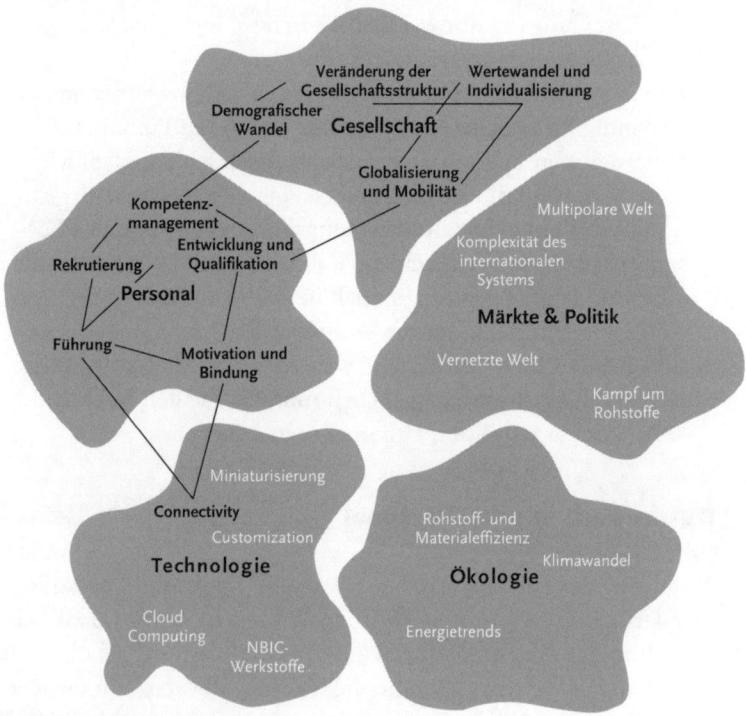

Abb. 23: Szenario »Wettbewerb um das Personal«
Quelle: Kerkhoff Consulting

Am Beispiel des hochgradig transparenten, aber auch sensiblen Marktplatzes Internet werden künftige Rekrutierungschancen sowie Gefahren deutlich:

1. Stichwort »Außendarstellung«: Das Internet entwickelt sich zur zentralen Informationsquelle über Arbeitgeber. Unternehmenseigene Homepages, Branchenverzeichnisse, Ratingseiten (kununu.com – »Arbeitnehmer bewerten Arbeitgeber«), Diskussionsforen zeichnen spezifische Bilder. Einfluss lässt sich direkt jedoch nur über die eigene Seite nehmen. Freie Plattformen müssen daher die professionelle Rekrutierung, die gute Mitarbeiterbetreuung oder auch faire Ausscheidungsprozesse spiegeln.

2. Stichwort »Präzise Ansprache«: Die Datenmenge über Kandidaten und die Konkurrenz im Internet wird stetig steigen. Schon heute sind auf »Wikis«, Online-Netzwerken oder Fachforen vielfältige sachliche sowie kritische Informationen öffentlich. Damit wächst die Herausforderung, die Kandidaten, die Bewegungen in der Branche sowie jene Kanäle zu identifizieren, in denen sich die Zielgruppen mit den einkaufsrelevanten Kompetenzen bewegen und dort auch ansprechbar sind.

3. Stichwort »Rekrutierungsprozess«: In der Projektorganisation bietet das Internet mit onlinebasierten Workflow-Systemen herausragende Möglichkeiten, Rekrutierung gerade in global vernetzten Organisationsstrukturen mit lokal agierenden Niederlassungen effizient und bewerberorientiert zu gestalten. Insbesondere für das zukünftige Beschaffungsmanagement, dessen zentraler Bestandteil internationale Logistiksysteme sein werden, wird dieser Aspekt ein wichtiger Erfolgsfaktor sein. Eine auf »Web 2.0« basierende Rekrutierung macht einen reibungslosen Ablauf von der Talentidentifikation über Online-Assessment, Direktansprache bis hin zum Vertragsabschluss möglich. Über ein Online-Rekrutierungssystem können zudem Spezialisten mit Expertenwissen über lokale Lieferantenmärkte, spezifische Warengruppen und Logistikfaktoren systematisch in globale Beschaffungsteams integriert werden.

Der Kampf um Energie und knappe Ressourcen

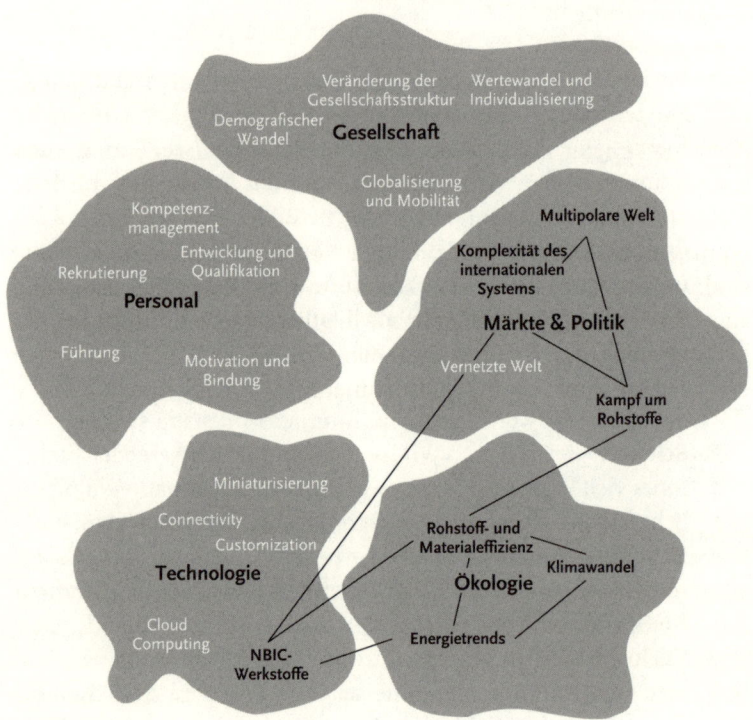

Abb. 24: Szenario »Kampf um Energie und Ressourcen«
Quelle: Kerkhoff Consulting

Industrialisierung und Bevölkerungswachstum haben zu einer stetig steigenden Nachfrage nach fossilen Energierohstoffen, land- und forstwirtschaftlichen Erzeugnissen oder auch Mineralien geführt. Die zunehmende Verknappung hat bei vielen Rohstoffen und Materialien enorme Preissteigerungen ausgelöst. Ein Trend, der sich weiter verstärken dürfte. Zwar wächst die Nachfrage nach Erdöl, Eisenerz oder Weizen in den Industrienationen nur noch sehr moderat, doch viele Schwellenländer stehen erst am Anfang ihrer Entwicklung. Der Auf- und Ausbau der Infrastruktur sowie die Deckung der Nachfrage von Industrie- und Konsumgütern werden in den nächsten Dekaden zu einem harten Kampf um Energierohstoffe und knappe Ressourcen führen – mit erheblichen Konsequenzen für die Einkäufer in Industrieländern.

Beispiel Energie

Energie war schon immer ein Kostenbestandteil bei der Produktion von Gütern und in der Kalkulation von Verkaufspreisen. In Abhängigkeit der Kosten für Energie schwankte dieser Anteil historisch. In den vergangenen Jahren sind fossile Energierohstoffe jedoch so teuer geworden, dass ihr Preiseinfluss exorbitant zugenommen hat. Da Erdöl, Erdgas und Kohle nur begrenzt verfügbar sind, werden künftig der Wettbewerb um die Rohstoffe und damit auch ihr Preiseinfluss noch einmal deutlich zulegen. Einkaufsabteilungen sowie das Risikomanagement im Einkauf erhalten daher eine zentrale Funktion in Unternehmen.

Beispiel Mineralien

Vor allem aufstrebende Volkswirtschaften wie China oder Indien üben einen wachsenden Druck auf die weltweite Versorgung mit Rohstoffen aus. Dies gilt etwa für Kupfer, Eisenerz und Zink, die allesamt unverzichtbar für zahlreiche Industriezweige sind. Angesichts von Industrialisierung und Bevölkerungswachstum in vielen Schwellenländern wird auch künftig die Nachfrage nach Rohstoffen und Materialien steigen. Eine Folge für Einkaufsabteilungen in Unternehmen: Sie müssen die Einflussfaktoren auf die Beschaffung sehr genau kennen, also regionale politische Strömungen, Mengenverfügbarkeit, Qualitäten oder Produktionsverfahren.

Beispiel Bio-Rohstoffe

Der Absatz biologischer Produkte aus Land- und Forstwirtschaft wächst nicht nur in Deutschland, sondern in ganz Europa sowie in den USA rasant. Aber das Rohstoffangebot weitet sich nur langsam aus. Sowohl die Menge der Bio-Bauern als auch die Zahl der ökologisch bewirtschafteten Anbauflächen hinken dem Branchenwachstum hinterher. Während sich der Umsatz in Europa seit 1999 nahezu verdreifacht hat, haben sich die Bio-Flächen »nur« verdoppelt. Für Unternehmen, die die Bio-Rohstoffe für ihre Produktion benötigen, ist eine Verbreiterung der Lieferantenbasis daher künftig von großer Bedeutung.

Ingesamt wird der Kampf um Energie und knappe Ressourcen vor allem zu einem strategischen Risikomanagement führen. Risikomanagement im Einkauf umfasst die Identifikation, Bewertung und Beherrschung von Risiken – das gilt sowohl für das Versorgungsrisiko als auch für lieferantenbezogene Risiken.

Szenarien oder Fiktion?

Was wäre ein Buch über Trends ohne Gedankenspiele, die sich von der Realität lösen? Bei Kerkhoff Consulting sind wir davon überzeugt, dass die vorgestellten vier Megatrends den Einkauf »definitiv« verändern – das ist Realität. Aber wir wären keine verantwortungsbewussten Berater, wenn wir die Schwelle zur Fiktion nicht hin und wieder testen würden. Tatsächlich ist die Geschichte der Menschen angefüllt mit Ideen, die erst Fiktion und dann Wirklichkeit waren. Im Sinne von Friedrich Nietzsche, der das logische Denken als Muster einer vollständigen Fiktion bezeichnete, wollen wir zum Abschluss des Buches noch einmal tief in die Zukunft eintauchen. Oder sind die folgenden Bilder doch näher an der Realität als gedacht?

Bild 1: Technologie macht alles

Die Vernetzung der Lieferkette, die Nachverfolgung aller Artikel sowie die Kommunikation zwischen Produktionseinheiten oder Maschinen bilden die Grundlage für eine automatisierte Beschaffung über IT-Systeme im Jahr 2020. Das Eingreifen durch Menschen ist nicht mehr nötig. Ein Ausfall der Systeme wäre zwar gleichbedeutend mit dem Stillstand der Lieferkette, ist aber aufgrund ausgeklügelter Notfallsysteme quasi unmöglich und die kontinuierliche Produktion sichergestellt. Eine Abteilung Disposition ist somit überflüssig, aber was passiert mit dem Einkauf? Durch die weltweite Informationstransparenz sind Online-Auktionen Standard für Preisfindung. Plattformen im Internet finden anhand aller Parameter die richtigen Lieferanten und bauen die Verbindung auf. Einheitliche Bewertungsstandards sind die Grundlage für die automatisierte Entscheidung für oder gegen einen Lieferanten. Der Einkauf hat dann nur noch die Aufgabe, Ziele, Vorgaben und die Ratifizierung der Entscheidung durchzuführen. Forschung & Entwicklung sowie die Entscheidung, was produziert wird, sind Kernaufgaben des Unternehmens. Produktion und Produktionsversorgung durch Lieferanten sind reine Abwicklungsthemen. Da die Einkäufer die weltweiten Märkte aus dem Effeff kennen, werden sie beauftragt, Innovationen zu finden und zu sichern. Zudem wird die regionale Beschaffung immer wichtiger als Basis für nachhaltige Produkte. Experten, die bisher weltweite Alternativen für die Auswahl des besten Lieferanten gesucht haben, werden zum Entwicklungspartner für regionale Produzenten. So entwickeln sich Einkäufer zu Experten für Nachhaltigkeit und sichere Lieferketten.

Bild 2: Das Meer als Beschaffungsmarkt

Aufgrund exzellenter Ingenieurstechnik versorgen schwimmende Fabriken auf allen Ozeanen die Menschen mit verschiedenen Materialien aus dem Meer. Mangan-Knollen liefern Metalle, Unterwasserplantagen Lebensmittel; Öl, Erdgas, Gold, Kupfer werden in der Tiefsee aus über 6.000 Metern gefördert. Meerwasser wird entsalzt, Süßwasser weltweit geschont. In der ersten Phase haben die Menschen ab 2020 Küstengewässer erschlossen. In einer zweiten Phase ab 2025 sicherten sich internationale Konzerne Konzessionen, weitab jeder Küste in großem Maßstab Rohstoffe auszubeuten, nach Mineralien zu schürfen. Die Produkte und Rohstoffe aus dem Meer unterscheiden sich von den früher an Land gewonnenen und hergestellten. Das bedeutet völlig neue Bedingungen für Einkaufsabteilungen. Neue Lieferanten, neue Branchen entstehen, die Beschaffungslogistik verlagert sich auf das Meer, die optimale Versorgung über Häfen wird zum Erfolgsfaktor. Qualitätssicherung ist eine zentrale Hürde für Einkäufer. Die Stoffe und Materialien aus den Tiefen der Ozeane sind nie identisch, Qualitäten müssen daher direkt vor Ort geprüft und freigegeben werden als Grundlage für eine sichere Versorgung.

Bild 3: Wettkampf um Ressourcen

Die Versorgung mit Rohstoffen ist längst nicht mehr Aufgabe des Marktes, sondern von Staaten. Regierungen haben die Versorgung ihrer Staatsbürger mit allen Mitteln als strategisches Ziel definiert und agieren entsprechend. Eigene Ressourcen werden abgeschottet, fremde durch Kriege, gigantische Kapitaltransfers, Verhandlungsgeschick »erbeutet«. Die Preise für Energierohstoffe, Zink, Palladium, Silber, Nickel, Zinn, Soja, Raps, Palmöl, Reis oder Mais werden an einer globalen Börse gebildet und zeichnen sich aufgrund der geopolitisch instabilen Lage auf allen Kontinenten durch kurzfristige, extreme Schwankungen aus. Der Handlungsspielraum des einzelnen Einkäufers wird somit stark beschnitten. Unternehmen müssen ihre Produktion aufgrund fehlender Rohstoffe einstellen und neue Betätigungsfelder suchen. Der Einkauf beschafft nicht mehr das, was gefordert ist, sondern das, was zu beschaffen möglich ist.

Fazit

Kerkhoff Consulting ist eine Beratungsgesellschaft, spezialisiert auf Einkauf, Beschaffung und Supply Chain. Wir sind sicher keine Trendforscher, doch für unsere Arbeit benötigen wir die Einschätzung von Entwicklungen als Grundlage für Warengruppenstrategien, für das Risikomanagement oder für die optimale Organisationsstruktur einer Einkaufsabteilung. Aus diesen und anderen Gründen beschäftigen wir uns seit Jahren mit Trends, versuchen, bestehende Entwicklungen in die Zukunft zu verlängern, oder schaffen die Informationstransparenz dafür.

Dieses Buch ist kein Buch über Trendforschung, sondern über Einkauf und den Einfluss von Trends auf diesen. Vielen Dank.

Stichwortverzeichnis

Einkaufsagenda 2020. Gerd Kerkhoff
Copyright © 2010 WILEY-VCH Verlag GmbH & Co. KGaA, Weinheim
ISBN: 978-3-527-50501-2

Die Autoren

Gerd Kerkhoff

Gerd Kerkhoff ist Mehrheitsgesellschafter und Vorsitzender der Geschäftsführung von Kerkhoff Consulting und bereits Autor der drei Buchtitel »Milliardengrab Einkauf«, »Zukunftschance Global Sourcing« sowie »Erfolgsgarantie Einkaufsorganisation«, die alle im Wiley-Verlag erschienen sind und auch in die englische Sprache übersetzt wurden.

Gerd Kerkhoff hat die Unternehmensberatung Kerkhoff Consulting GmbH im Jahre 1999 gegründet. Er ist Certified Management Consultant des Bundesverbandes Deutscher Unternehmensberater und Initiator des Kerkhoff Competence Centers for Supply Chain Management am Lehrstuhl für Logistikmanagement der Universität St. Gallen sowie Mitglied des dortigen Fachbeirats.

Hintere Reihe – von links nach rechts (siehe Umschlagfoto)

Christian Michalak

Christian Michalak arbeitet seit zehn Jahren bei Kerkhoff Consulting in Düsseldorf und ist als Geschäftsführer verantwortlich für das Projektgeschäft. In seiner Beratungspraxis hat er Beschaffungsprojekte in Deutschland, Italien, Polen, Frankreich, Norwegen und Indien erfolgreich zum Abschluss geführt. Inhaltlich konzentriert er sich auf das Warengruppen- und Lieferantenmanagement sowie das Thema Einkaufsorganisation.

Als Co-Autor des Buches »Erfolgsfaktor Einkaufsorganisation« analysierte er unterschiedliche Organisationsmodelle des Einkaufs und erarbeitete, mit Blick auf zukünftige Herausforderungen im

Einkaufsagenda 2020. Gerd Kerkhoff
Copyright © 2010 WILEY-VCH Verlag GmbH & Co. KGaA, Weinheim
ISBN: 978-3-527-50501-2

Einkauf, das Modell des »Kompetenzbasierten Einkaufsmanagements (KEM)«.

Dirk Schäfer

Dirk Schäfer verantwortet als Geschäftsführer von Kerkhoff Consulting in Deutschland das Projektgeschäft und ist zudem ergebnisverantwortlicher Geschäftsführer der gleichnamigen Beratungsgesellschaft in Österreich.

Er hat in den ersten Jahren seiner Beratungstätigkeit unzählige Shopkonzepte entwickelt, deren Ausgangspunkt immer die Konsumforschung und damit »die Gesellschaft« war. Seit diesem Zeitpunkt beschäftigt er sich mit gesellschaftlichen Entwicklungen, da er hier den wesentlichen Ausgangspunkt für richtungsweisende unternehmerische Entscheidungen sieht.

Oliver Kreienbrink

Als Partner und Projektleiter blickt Oliver Kreienbrink auf zehn Jahre Beratungserfahrung zurück. Seine Kernkompetenzen liegen in den Bereichen Beschaffungs- und Prozessoptimierung. Darüber hinaus befasst er sich intensiv mit der Entwicklung konzeptioneller Ansätze zur Neustrukturierung von Lieferantenbeziehungen, vor allem in Richtung der informationstechnischen Vernetzung von Supply Chains, und führt den Bereich Wissensmanagement von Kerkhoff Consulting.

Matthias Rüter

Matthias Rüter ist seit 2002 bei Kerkhoff Consulting tätig. Zu seinen Kernaufgaben als Partner zählen neben dem Beschaffungs- und Supply Chain Management die Leitung des internen Kompetenz-Centers Logistik und Bestandsmanagement. Des Weiteren ist er für die Durchführung und Konzeption von Seminaren, Workshops und Fachkongressen verantwortlich. Insbesondere für die Bereiche Industrie und Handel gilt Matthias Rüter wegen seiner Erfahrung und seiner erzielten Erfolge als Spezialist.

Christian Heidbreder

Christian Heidbreder ist Partner der Gesellschaft und trägt projektübergreifende Verantwortung in zahlreichen Beschaffungsprojekten. Neben der Projektsteuerung engagiert er sich in der Erarbeitung von Markt- und Trendstudien im Einkaufsumfeld. Über die Analyse von Markt- und allgemeinen Trendbewegungen erarbeitet er zukunftsgerichtete Konzepte zur visionären Exzellenz für die Kundenunternehmen von Kerkhoff Consulting.

Gundula Jäger

Als Geschäftsführerin von Kerkhoff Consulting in Österreich zählen neben der Büroleitung in Wien die Projektakquisition und Projektsteuerung in Österreich und den umliegenden Ländern zu den Aufgaben von Gundula Jäger. Wegen ihrer internationalen Ausbildung, Auslandserfahrung und Sprachkenntnisse gilt Gundula Jäger insbesondere in internationalen Projekten als Spezialistin und ist projektübergreifend in Beschaffungsprojekte zum Thema Global Sourcing involviert. Mit diesem Hintergrund beschäftigt sie sich seit Jahren mit den Entwicklungen des weltweiten Handels.

Stephan Penning

Stephan Penning ist geschäftsführender Gesellschafter der gleichnamigen Personalberatung Penning Consulting mit den Beratungsfeldern Human Resource Management und Executive Search. Auf Basis der inhaltlichen Schwerpunkte Management-Diagnostik sowie Personalentwicklung und -rekrutierung hat er in den vergangenen Jahren durch die enge Kooperation mit Kerkhoff Consulting pragmatische Lösungen für personalstrategische Fragen im Einkauf entwickelt. Vor diesem Hintergrund diskutiert Stephan Penning personalrelevante Herausforderungen der Zukunft und leitet konkrete und pragmatische Handlungsvorschläge für eine zukunftsgerichtete und erfolgreiche Personalarbeit ab.